人類学と骨　日本人ルーツ探しの学説史

楊 海 英 Yang Haiying

人類学と骨

日本人ルーツ探しの学説史

岩波書店

人類学と骨

目次

凡例

野蛮人とはなによりも先ず、野蛮が存在すると信じている人なのだ。

——レヴィ＝ストロース『人種と歴史』

凡　例

本書における著者の執筆方針と立場を示しておきたい。

一、日本語原典史料を引用するにあたり、旧仮名遣いと旧漢字（正字）をすべて現行のものに置き換えた。原典史料の中には、現在の日本文化人類学会及びその他学会が掲げる倫理と乖離する表現も見られるが、当時の状況を物語る史料として残した。

二、「民族」は現代中国の政治色の強い概念であるため、イデオロギー色を避ける目的から、基本的に「何々民族」ではなく「何々人」を用いる。なお、民族（人種）問題を惹起している事実に触れる際には注記して「民族」を用いる。

三、本書は文化人類学の視点に立ち、著者を含むモンゴル人の集合的記憶に共通する歴史的見解に即して、いわゆる漢民族についてのみ中国人と表現する。

四、本書における「中国」は、漢民族が歴史的に居住してきた長城以南の地域のみを指す。「中国」は時代ごとに概念と実態の両面で大きく変化する言葉であり、一貫した存在を示さない。したがって、内モンゴル自治区と新疆ウイグル自治区、チベット自治区については現時点では中国の施政下にあることを意味する際にのみ「中華人民共和国」を用いる。

＊出典元の記載のない写真は著者の撮影による。

序章

人類学はなぜ骨を求めたか
白熱する日本人のルーツ探し

ニューヨークのアメリカ自然史博物館の門前にあるセオドア・ルーズベルト第26代大統領像とそれを巡る議論のコーナー．馬上の大統領は大統領からみて右下に徒歩の「赤色人種」の先住民を，左下に「黒人種」のアフリカン・アメリカンを連れている．多「人種」のアメリカの成り立ちを物語るモニュメントとされるが，白人の優越性を現わしたデザインに反対する声が上がり，2022年夏に撤去された．2020年2月撮影．

いまなぜ骨が問題なのか

二〇二三年四月下旬のある日。文部科学省高等教育局から各大学に一通の「事務連絡」が届いた。「オーストラリア先住民の遺骨等の保管に関する調査について」と題するこの文書には、以下のような文言があった。

我が国においては、平成一九年に採択された「先住民族の権利に関する国際連合宣言」に賛成し、以降、多様性が尊重される社会の実現に向けた取組を進めております。特に先住民族にその遺骨を返還することが世界的潮流になっていることに鑑み、我が国でもアイヌの人々への遺骨等の返還を進めているところです。

このように、日本が国連宣言を遵守し、アイヌなどの先住民族の遺骨返還を進めていることが強調されている。その上で、アイヌなどだけでなく、日本国内の大学や博物館に保管されているオーストラリア先住民の遺骨についても、保管の有無を含めて調査し返還するように、という趣旨の通達であった。文書はまた、このような先住民の遺骨は「学術資料」と呼ばれている、と認めてもいる。学界にとっては「学術資料」であろうが、遺骨が取られた先住民にとっては祖先であり、また姉妹兄弟である、聖なるものだ。地域や民族によっては、遺骨は魂が宿る存在であり、再生し、子孫の繁栄を保障する存在でもある。墓を大事にする日本文化と同様に、決して簡単に他人に奪われてよいものではなかったはずである。

「先住民族にその遺骨を返還することが世界的潮流」であるのに対し、日本の動きは遅いと見られている。二〇二三年七月、米国人類学会のメンバーが沖縄を訪れ、「謝罪や遺骨の返還、対話に応じない日本の人類学者は琉球民族を傷つけている」と七月一〇日の記者会見で指摘した。約一万二〇〇〇人もの会員を擁する米国人類学会は、世界各国の事例を踏まえて日本に提案しており、米国政府にも法制化を求めているという。

秋には、猛暑日が続く九月二二日、大阪高裁においてある判決が下された。昭和初期、旧京都帝国大学(現・京都大学)の研究者によって沖縄県今帰仁村《なきじんそん》の「百按司墓《むむじゃなばか》」から研究目的で持ち去られた遺骨の返還を求めた訴訟の控訴審判決であった。判決は、沖縄の原告側の控訴を棄却し、「返還請求権はない」とする一方、付言として「持ち出された先住民の遺骨は、ふるさとに帰すべきだ」とも断じた。当然、原告側は「学知の植民地主義が続いている」と認識している。

また、一〇月二日、国土交通省は北海道白老町の「ウポポイ(民族共生象徴空間)」の慰霊施設に納められていたアイヌ民族の遺骨九体を、恵庭市の「恵庭アイヌ協会」に返還した、と日本のメディアは報じた。「ウポポイ」の慰霊施設から出土地域へ返される遺骨は、これが最初だという。アイヌ民族の遺骨は全国の大学や博物館などに保管されているが、政府は慰霊施設への集約を少しずつ進めると同時に、各地域のアイヌ民族団体から返還申請を受け付け、確認作業を経て対象団体と特定されれば、返還作業も推進している。このように、「学術資料」とされてきた遺骨の保管と返還は、現在進行形の国際問題として日本に残っているのである。

さらに、目を国際社会へ転じると、そこにはまた別の展開が見えてくる。近年、ネアンデルタール人骨のゲノム解析が進み、それを牽引した人類学者は二〇二二年ノーベル生理学・医学賞を受賞した。日本の人類学界はその研究に知的な関心を寄せる一方で、自らの足元の遺骨返還にはさほど熱心ではない。古代と違って同時代の骨は、その集団的、民族的な帰属もはっきりしていた。祖先と後裔との間で系譜的にたどれる人骨をめぐっては、倫理的な問題がクローズアップされている。

なぜ二一世紀の日本でこのような問題が起きているのか。骨をめぐる倫理的な問題は日本だけのものなのだろうか。歴史を顧みれば、現代日本も欧州に倣って大帝国を建設し、帝国の支配地の全域に渡って人骨収集をおこなった。国内のアイヌや琉球に限った話ではなく、台湾と満洲、内《ウブル》(南)モンゴル、ひいては新疆にまで及ぶ。

人類学とはどのような学問か

先ほど触れた、人類学会の総会員数で世界のトップを占める米国において、人類学は「人間についての総合研究」をおこなう学問と位置づけられている。人間の身体的特徴について研究する「形質(自然)人類学」と先史考古学、そして文化人類学の、大きく三分野からなる。概略すると、形質人類学は皮膚、目の虹彩、毛髪の色や形など身体各部位のサイズと比率、血液型と指紋に注目してきたが、現在は遺伝子領域に重点を置くように変化しつつある。先史考古学は遺跡を発掘し、文化人類学は、文化の多様性に注目し、記述分析する(祖父江孝男『文化人類学入門』一九七九、二一—四頁)。

なお、人類学の歴史は、米国よりも西欧のほうが古く、なかでも独特なのはドイツとオーストリアである。英米両国で人類学(Anthropology)と称されるのと異なり、ドイツ語圏とロシア語圏では民族学(Ethnology)と呼ばれる。後者は「民族」の存在に重点を置いており、民族間の違い、ひいては優劣の原因を探ろうとして、初期の民族学的研究は積極的に医学や生物学の知識を吸収していった。人間の優劣は身体的な差異に起因しているのではないかという思考からは、当然のように、優生学の思想も芽生えていく。

のちに人類学も民族学も一括りにして「人類学」と総称されるようになるが、どちらも「人種」や「民族」を多用してきたし、現在もさまざまな意味で使い続けている。本書は学説史、帝国の学知史の立場から、それぞれの時代背景に合わせて適宜「人種」「民族」を用いていることを注記しておきたい。

人類学の本場アメリカの各大学で、長期にわたって使われてきた権威ある文化人類学の教科書では、形質人類学の歴史的変化について以下のように定義している。

人類学が学問分野として発展しつつあった一九世紀には、形質人類学が隆盛であった。この分野への関心は、大航海時代の副産物であった。西ヨーロッパ人は世界中で出会う人間の身体形質に、驚くべき異変があることを発見した。人類学者の関心はその異変をどう理解したらいいかという点にあった。彼らは、皮膚の色、毛髪の形状、身体の形状など、身体のさまざまな観察しうる特徴を測定するために、一連の複雑な技術を発明した。彼らの目標は、人種のカテゴリーを用いて、人間を分類する方法をみつけることであった。彼らは世界中の多くの社会の人々について注意深く測定を行えば、人種の分類が可能だと確信した（以下、傍線はすべて筆者）。（E・A・シュルツ、R・H・ラヴェンダ『文化人類学 I』一九九三、五—六頁）

「人種のカテゴリーによって人間を分類するには、身体の測定が有効だ」と考えた形質人類学者たちは、その後、研究技術が進歩するにつれ、身体外部の測定だけでなく、血液型のような人体内部の成分についても分析を加えていった。しかし、結局のところ、「人種」の概念は自然の事実を反映していないことに気づく。人間を分類することは、階級の優劣や差別の定着に悪用される危険性に直面し、形質人類学者たちは次第にヒト、つまり生物としての人間の身体的変異に主たる関心を移していった。アメリカの場合、一九八〇年代にはエイズのような病気が免疫システムに与える影響について研究する人類学者が増えた。直近では、二〇一九年末からの新型コロナの猖獗を経験するさなか、全人類が直面しているパンデミックによる身体変異について人類学者たちが挑戦していた様を、私は二〇二二年夏のアメリカで目撃した。

帝国日本が出会った「人種」

現在の日本の学会や大学内組織では文化人類学と形質人類学、そして先史考古学は、それぞれ独立した形で運営されているが、実際は分野を横断した共同研究が盛んにおこなわれている。

本書は文化人類学の視点に立ち、かつてはその一分野を成していた形質人類学や先史考古学の実践と成果について、学説史的に振り返って検討する。近代に成立したある学問についての学説史的回顧は、実は近代史でもある。本書は日本の近代史の一側面、帝国日本の「学知の歴史」である。

北は北海道と樺太(現・サハリン)、南は琉球と台湾、そして東部ユーラシアの満洲平野とモンゴル草原へと、領土的拡張に伴い、新興帝国の人類学者や考古学者たちもまた、その活動範囲を同時進行的に広げていった。本書の各章の構成は、こうした帝国日本の歴史的変遷と軌を一にしている。

帝国大学の人類学者や考古学者たちは、ヨーロッパの新しい学知を懸命に吸収し、模倣しながら、国内外で出会ったさまざまな集団の身体的差異を発見しようと試みた。日本は欧米以上に技術にこだわる傾向があるが、近世江戸時代から磨き上げた測定技術をふんだんに駆使して、欧米顔負けの計測データを積み重ねていった。国内各地の日本人自身の身体的特徴について把握するだけでなく、統治する帝国内の多様な「人種」を発見しようと努力したのである。

前掲のラヴェンダとシュルツが書くように、西洋に淵源を持つ過去の「人種学」は、一五世紀に始まる「大航海時代の副産物」であり、植民地支配を背景としている。冒頭で取り上げた、沖縄人がいうところの「植民地の学知」である。肌の色が白いヨーロッパ人が「有色人種」を征服し、統治と搾取に役立てようとして「人種学」と人類学は成立した。植民地できわめて多様な「人種」を発見しても、当時の西洋の人類学者たちは自分たちとの関連性について考えることはなかった。白人の方が無条件で植民地の「有色人種」より優れていると信じていたからである。

これに対し、日本は後進の帝国であった。征服し、支配下に組み込んだ「人種」も相対的に少なく、西洋がアフリカ各地や中近東、そして南太平洋とアメリカ大陸で出会った多種多様な「人種」に比べ、日本人との身体的な差異も顕著ではなかった。端的に言えば、日本が植民地としたアジア地域で出会ったのは、日本列島の住民とさほど変わらない身体形質を持つ人々だったのである。

顕著な「人種」的異同よりも共通性や親和性の方が大きく、帝国範囲内で「人種」を発見するのはもはや不可能だと悟るにつれ、新しい概念としての「民族」が愛用されるようになる。日本では、西洋起源の「レイス」「ネーション」の双方を「民族」と翻訳してもいる。レイスにしてもネーションにしても、どのように日本語、ひいては中国語などの漢字文化圏に置き換えられてきたかというプロセス自体が理論的な分析を必要としているが、本書ではそうした迷宮には深入りしない。

ルーツ探しと人骨　日本独自の「人種」学

「人種」の発見で躓いただけでなく、「民族」についても、探究が進めば進むほど、帝国支配圏内の住民と日本人との文化的、身体的親縁性が見えてくる。同時に、帝国統治の政策上の必要性から、新たに統治圏に組み込まれた諸「民族」もまた次第に「日本人」とされていくことで(小熊英二『単一民族神話の起源』一九九五)、列島に長く住んできた住民とのルーツ上の関係について整理しなければならなくなる。それは同時に、「列島の住民がどこから、いつ、どのように来たか」に関する課題の浮上でもあった。つまり、日本人のルーツ探しである。

「人種学」から「民族学(人類学)」に移行しても、そして戦前から戦後になっても、ユーラシア大陸東部に自らのルーツを探し求め続ける姿勢は変わらない。このルーツ探しに関する研究が中枢をなしたことは、欧米の人類学と日本の人類学との大きな差異の一つである。日本の人類学者たちは、植民地のどこかに故郷を探そうと彷徨い続けた。そして、その「故郷」の「民族」との「親戚関係」についても熱く語り続けたのである。

人類学者や考古学者たちが日本人のルーツを探そうとして植民地支配圏内を踏査した際に、研究の手段として人骨を熱心に集めた。集めた人骨が多いほど、研究上の情報も蓄積され、説得力のあるルーツ探究の学説が導き出せる、と彼らは確信していた。骨に続いて人類学において重視されたのは血液で、血液に続いたのが遺伝子分析である。近年では遺伝子分析と言語学との関連性も注目されるようになったが、依然として骨の重要性が変わらないことは、冒頭で触れた古ゲノム学の進展からも明らかである。

なお、私自身は「満蒙」の一部、モンゴル高原の南半分、内《ウブル》（南）モンゴルの出身である。内モンゴルは、最東端の三分の一が満洲帝国に組み込まれ、中央部の三分の一は日本軍支配下の「蒙疆《もうきょう》政権」下にあった。そのため私は以前から日本に対して敬意をこめて「我が宗主国」と呼び、自分自身を「旧植民地出身者」と位置づけてきた（楊海英「我が宗主国・日本の「１９６８年」と世界」二〇一九）。それは、何らかの政治責任を追及しようというのではなく、帝国と植民地との間で確立された学知について歴史学的に回顧しているだけであるが、私にとって「我が宗主国」日本社会のルーツ探究への情熱は、実に不思議な思潮である。

日本人はどこから来たのか。別の言い方をすれば、日本人の原郷《げんきょう》はどこなのか。日本人の祖先は、どのようにして東アジアの荒波を渡り、高天原に辿り着いたのか。換言すれば、どんな道具を駆使して冒険してきたのか――。知的市民のこうした疑問に答えようとして、新聞と雑誌、そしてテレビでも定期的に最新の研究成果が紹介されている。

ユーラシア大陸の東部、モンゴル草原で生まれ育った私のような人間は、自分たちのルーツに基本的に無関心で、隣で暮らしている髪や肌の色が異なる人々と、ルーツについて語り合うことはあまりしない。文化が多種多様なのは、人々の価値観が違うからである。あくまでも歴史と社会、それに生業《なりわい》と関連づけて相互を認識し合う。私自身も、人間はどこから来て、いずこへ行こうとしているのか、という難しい哲学的な思考に沈溺するよりも、文化と生業のリアルな多様性に関心がある。日本独自の「人種学」に接した際も、それを学ぼうという気持は湧き上がらず、むしろ違和感が強かった。

「人種学」の成果

帝国各地から「人種学」のルーツ探しの新鮮な成果が市民社会に伝わると、当然ながら、日本人の起源をめぐる議論は白熱化した。日本人はいつ、どこから来たのか。大陸から海を渡ってきた人々の子孫だという見方もあれば、「天孫の後裔」として天地創造された頃から大和の大地に住み続けたとの見解もあった。こうした討論をリードしたのが、各帝国大学の人類学者と考古学者たちである。

帝国市民のルーツが大陸にあった以上、「満蒙」すなわち満洲平野とモンゴル草原に武装して入っていくのも、正当な「里帰り」だと位置づけられた。何しろ、モンゴル民族の開祖にしてユーラシアの東西を跨ぐ大帝国を創ったチンギス・ハーンも、その正体は蝦夷地から大陸に渡った源義経である、という珍説(小谷部全一郎『成吉思汗ハ源義経也』一九二四)まで登場し、一世を風靡したほどである。

また日本語についても、大方の言語学者はモンゴル語やテュルク系諸言語、それにツングース系諸言語と同じ「アルタイ語族」に属すという言語系統論を唱えていた。アルタイとは、モンゴル高原の西、シベリア南部に横たわる山脈である。ユーラシアの多くの遊牧民の神話上の故郷であるため、中央ユーラシアのテュルク・モンゴル諸言語の共通性をあらわす名称として使われた。「満蒙」からさらに西へとアルタイ山脈を越えれば、そこは広大な「トゥラン世界」で、「日本人も人種的にはトゥラン民族の一員」だと宣言されていた。トゥランとは、イランとセットでヨーロッパにおいて使われていた概念で、定住文明のイラン(ペルシア)の対極に「野蛮な遊牧民草原」がある、という妄想による空間を表現するのに用いられていた言葉である(田中克彦『ことばは国家を超える』二〇二一)。

もちろん「チンギス・ハーンは源義経なり」は、俗説に過ぎなかった。

「日本語はアルタイ語族の一員」だとする根拠は、日本語とモンゴル語・テュルク系諸言語との文法構造が似通っている点にあった。人類学者と考古者は、俗説とは距離をおきながらも、言語学の成果を積極的に援用した。「日本人のルーツは大陸にあり」との「人種学」の成果は、それなりに「科学的」に見えた。今日においても、日本語という言語の形成から日本人のルーツを探究するという、形を変えた科学的手法がまだ踏襲されている。

植民地支配とルーツ探し

本書はモンゴル高原の視点からの、モンゴル人人類学者の見方である。なぜ、日本人はかくもルーツ探究に強い関心を抱き続けるかについて、ルーツに「無関心」の大陸からの逆照射である。そして、モンゴル人という「人種」性よりも、旧植民地の思想的立場が反映されている。なぜ植民地からの発言が重要かというと、戦前にしても戦後にしても、日本の「人種論」や「日本人起源論」は常に日本国内で完結し、ルーツの源とされる「満蒙」のような植民地の存在を等閑視した形で進められてきたからである。これから章を追って述べるように、帝国日本の学術的探検はすべて植民地でおこなわれ、戦後になっても学問の源流の多くは植民地から得たものであった。それにもかかわらず、「我が宗主国」は、意図的に自らの営為を忘却しようとしてきたのではないだろうか。いや、本当は「忘れた」ふりをしているだけであろう。忘れていないから、大陸にルーツを探しつづけているのであろう。

すでに述べたように、日本人の起源とルーツについて研究する際の第一次資料の一つが人骨であった。北海道、沖縄、台湾、「満蒙」から集められた多数の人骨は、今も日本国内の名門大学と台湾大学に保管されている。台湾大学は旧台北帝国大学の継承者であり、文字通り、帝国日本の壮大な知的遺産の一つである。

冒頭で述べたように、現在、琉球とアイヌの人骨をどう扱うかが激しく論争されているが、大陸で蒐集した人骨は話題にすらならない。こうした現象からは、たとえ研究の向上という正義感に基づいた良識的な議論であっても、「我が宗主国」はまたもや旧植民地の存在を無視した形で自己清算を繰り返しているように見えるのだ。

現在、欧米では「人種学」は下火となったように見えるが、人種主義は逆に盛り上がりを見せている。人種主義は、「人種」に優劣が存在するとの前提で蔓延《はびこ》る差別主義思想である。経済的に発展した欧米と旧植民地との格差の拡がりを「人種」の優劣と結び付けて語る言説が高まったのもそうした思潮の現れであろう。また、経済的には後進国であっても、長い歴史の中で多様な「臣民」を過去に優劣（華夷秩序）でランクづけしていた中国やロシアの場合、人種主義は極端な自民族中心主義《エスノセントリズム》として現れ、独裁政権の下で民族問題や排外主義に発展している。

日本にも、自らのルーツを大陸に想定しながら、かの地の人々を排除し、差別する思想ないしは「運動」がある。「満蒙」と朝鮮半島、ひいては台湾などとの関係にもそうした思想が発露されている点は否めない。

モンゴル人はなぜ「黄色人種」の代名詞となったのか

ここから、日本独自の人類学の学知の一分野、「人種学」の具体的な「知識」に入っていこう。ルーツを探すためにはまず、「人種」の範囲を定めておかねばならない。同じ「人種」圏内で自らの居場所を見つけることになるからだ。

日本人は自身を「黄色人種の一員」だと認識した。学問的には「モンゴロイドの一員」だ、と今でも多くの日本人はそう信じているだろう。

モンゴロイドとは、「蒙古人種」の訳で、日本人もモンゴル人も「肌の色は黄色い」のが特徴とされている。日本人はどうして「蒙古人種」の中に含まれるのか。そして「蒙古人種」はどうしてあらゆる「黄色人種」の代名詞となっているのか。

こうした諸問題について考える前に、まずモンゴル人が本当に「黄色い」か否かを見てみよう。黄色い肌でなかったら、「黄色人種」の代表になる資格もないはずである。現代日本においても、日常的に皮膚の色を「人種」と結び付けて表現する人が多く、一種の自己矛盾した「人種」観を抱いているように見える。肌の色に関する視覚上の整理をしておきたい。

まずは実例を挙げよう。大相撲の場所中、毎場所のように繰り返される会話である。

「白鵬関の肌は本当に白い」と多くの日本人が話す。

元横綱白鵬関らはモンゴル人男性の典型的な身体的な特徴を持っているといえよう。しかし、彼らの肌は白く、「黄色い」特徴は見られない。

肌が白いのは、白鵬だけではない。作家の司馬遼太郎はその名著『草原の記』で次のように現代のモンゴル国訪問時の印象について書いている。


一九九〇年七月に再訪したときもそうだった。市内のガンダン寺というラマ寺（チベット仏教の寺院）のそばでぼんやりしていたとき、若い夫婦が乳母車を押してやってきた。

赤ちゃんをのぞきこんで、十七年前のおどろきをくりかえした。同行の鯉渕信一教授が——この人は十七年前、私がここにきたときは留学生だったが——モンゴル人一般の赤ちゃんはびっくりするほど白いですね、と私のおどろきに同《どう》じてくれた。
むろん、長ずると色黒になり、平均して私ども日本人の皮膚とかわらなくなる。モンゴル人は形質的に日本人に似ているのだが、ただ赤ちゃんの色が胡粉のように白すぎるのである。（司馬遼太郎『草原の記』一九九五、五五―五六頁）

「長ずると色黒になり」と司馬は記しているが、白鵬関は変わらなかったことになる。

また、「白鵬もわれわれ日本人と同じように蒙古斑を持っているだろうか」と多くの日本人は好奇心を抱く。蒙古斑は、「蒙古人種《モンゴロイド》」に特有のシンボルマークとされ、「蒙古人種」の成員なら日本人もモンゴル人もひとしく「蒙古斑」がある、と伝えられている。では、「蒙古斑」を共有しているからといって、はたしてモンゴル人と日本人は体質の面で近いのだろうか。実は中国人もヨーロッパ人の一部も乳児の頃に「蒙古斑」がお尻の周りに出ることがあり、何もモンゴル人と日本人にだけある体質上のマークではない。

日本人とモンゴル人の臀部に現れた蒙古斑は、何を意味しているのだろうか。同じシンボルマークを持つ「蒙古人種」全体に共通する身体的特徴は何だろうか。

モンゴル人は「肌が白く、目が細い」

少し、歴史学的に遡って考えてみよう。

帝国日本が作成した数多くの調査報告書は、「蒙古人種の代表格」に当たるモンゴル人は「肌が白く、眼は細い」と伝えている。モンゴル人の肌が白く、眼が細いのは事実である。多くの相撲取りだけでなく、日本の教科書や各種の世界史の書籍に載っているチンギス・ハーンとその孫のフビライ・ハーン(在位一二六〇～九四)も、描かれた目はユニークである(写真序－1、

写真序－1 チンギス・ハーンの肖像画.『大汗的世紀』より.

写真序－2 フビライ・ハーンの肖像画. 同上.

2)。細長い目こそモンゴル人特有のものだ、と一三世紀頃の画家は理解したのだろう。

女性も例外ではない。台湾の国立故宮博物院に伝わる元朝時代の歴代皇后の肖像画も、細長い眼と突出した顎骨、円形の顔をモンゴル人女性の典型的な表情として活写している(写真序－3)。文字による記録もある。モンゴル帝国の三代目の大ハーン、グユク・ハーンが一二四六年に帝都ハラホリムで即位した際に、ヨーロッパからヨハンネス・デ・プラノ＝カルピニ修道士が参列していた。彼は、モンゴル人の顔貌について次のように描いている。

> タルタル人は、ほかのどこの人たちともはっきりと異っています。と申しますのは、タルタル人は、その両眼のあいだ、左右の頬骨のさしわたしが、ほかのどの人種よりも広いからです。
> (カルピニ／ルブルク『中央アジア・蒙古旅行記』一九八九、七頁)

ここでいう「タルタル人」とは、タタールすなわちモンゴル人のことである。頬骨のさしわたしが広かった点が、ヨーロッパ人にとって印象的だったらしい。

イタリアの旅行家マルコ・ポーロはその『百万の書』（いわゆる『東方見聞録』）の中で、フビライ・ハーンの容貌を次のように伝えている。

　大汗は高からず低からず、中背でりっぱな容姿をしている。肉づきもよく、ことに手足の均整はととのっている。顔は色白でバラのような紅味をさし、眼は黒く美しく、鼻の形もほどよく、おさまるべき所についている。（『全訳マルコ・ポーロ東方見聞録』一九六〇、九九頁）

このように、マルコ・ポーロはフビライ・ハーンが「色白」だったと記している。それだけではない。大ハーン一族は代々、ウングラート（ホンギラートとも）一族と通婚を重ねていた。その「ウングラートの住民はまことに美しく色白である」とマルコ・ポーロは語る。ヨーロッパ人がモンゴル人の肌の色が「色白」だったと強調している記録は興味深い。

写真序－3　フビライ・ハーンの妃，チャムビ・ハトンの肖像画．『大汗的世紀』より．

身体的特徴はどこまで古く遡れるのか

チンギス・ハーンによって統合されたモンゴルがユーラシアの歴史的舞台に登場する前、草原の主人公は契丹人だった。遊牧民の契丹人が建てた大帝国（遼）の存在はヨーロッパなど西方世界にも伝わり、「キタイ」と称されるようになった。その契丹（キタイ帝国）のキタイ人もまたモンゴル語を話していたことから、チンギス・ハーンを生んだモンゴル人とは民族的にきわめて近縁な関係にあったと見られている。

　では、世界的な民族、キタイ人はどんな顔をしていたのであろうか。このことは、モンゴル人の身体的特徴がどれほど古くまで遡れるかにも関わっている。

　一九八三年夏のある日、集中豪雨がモンゴル高原南部に位置するジェリム盟《アイマク》ナイマン旗《ホショー》の草原に洪水をもたらした。大興安嶺の南麓ではよくあることである。盟や旗とは、清朝時代から続くモンゴル人社会の軍事・行政組織である。ジェリム盟は現在、中華人民共和国内モンゴル自治区の一部であるが、満洲国のあった時代は日本の植民地だった。

　豪雨は歴史的発見のきっかけとなった。

　ナイマン旗南部青龍山鎮から東へ十数キロ行ったところで、古墳が地上に現れた。地元民からの知らせを受け、考古学者が駆けつけて整理したところ、男女の遺骨が見つかった。二人とも頭部に黄金のマスクが被せてあり、豪華絢爛な金銀と、西方イスラーム世界に淵源するガラス製品などが多数確認された。

　まもなく、墓誌の記載により、二人の被葬者はキタイ帝国、遼王朝の王女、陳国公主とその婿《クル》殿《ゲン》(駙馬)であったことが判明した。公主は一〇一八(開泰七)年三月に亡くなり、翌閏四月に夫と合葬された。公主は一八歳で、婿殿は彼女より一七歳年上だった。この若き陳国公主の黄金製のマスクは、その後日本や世界各国で契丹文化の精粋として展示されたが、象嵌された眼は後世のモンゴル人の眼の表現形式と基本的に同じである(写真序-4)。

陳国公主の黄金製のマスクから推測されるモンゴル系民族の共通した身体的特徴は、細長い眼と突出した顴骨《かんこつ》(頬骨)、そして円形の顔である。こうした身体的特徴がすでに一一世紀頃の作品にも表現されていたのであった。しかし、同じ丸い顔と細い目をしたモンゴル人でも、チンギス・ハーンの長男と次男に率いられて西の中央アジアのキプチャク草原に行ったモンゴル人たちは、一世紀も経たないうちに青い目と尖った鼻をしたトルコ系諸民族と変わらぬ表情になった、と同時代の記録は伝えている。

となると、ある地域に暮らす人間の身体的特徴、ここではモンゴル系諸集団を例に取ると、東部ユーラシアの草原地帯に暮らす遊牧民の白い肌と細い目は、その自然環境に起因していることがわかる。自然環境が人間の身体的変異に大きな影響を与えているのである。一口にモンゴロイドといっても、乾燥寒冷地に住んできたのか、それとも日本列島のように高温多湿の環境であるかによって、身体的特徴も異なってくるということだ。

写真序－4　契丹帝国陳国公主の黄金のマスク.『遼陳国公主墓』より.

チンギス・ハーンの褐色の眼　交雑の可能性

モンゴル民族の開祖、チンギス・ハーンを生んだモンゴルの貴族集団をボルジギンと呼ぶ。ペルシアの歴史家ラシード・ウッディーン(一二四九～一三一八)は、ボルジギンとは「褐色の眼」を意味するトルコ語だと書いている。ペルシア人の著述はモンゴル人自身の見解に即している。

肖像画に描かれたチンギス・ハーンの独特な風貌に注目し

た日本人の人類学者がいた。東京帝国大学で解剖学を学んだ横尾安夫(一八九九〜一九八五)である。本書の主人公の一人である横尾は一九三九年に『人類学・先史学講座』に「蒙古人」という一文を寄せ、次のように述べている。少し長いが、本書全体の趣旨に関わるので、引いておきたい。

……成吉思汗《チンギスハーン》(ルビは著者。以下同)肖像と伝えられるものを見ると、明らかに蒙古人タイプである。しかしその容姿を記して、丈たかく、猫の如き眼をしていたとあるのは、その眼の色が多少他の人々と異なるものであったと想像せしめるものがあり、それがより一層明色のものであったろうと考えられる。……もし仮に成吉思汗誕生の眼が明色を帯びていたものとするならば、土耳古《トルコ》民族中に混入していたと想像される欧羅巴《ヨーロッパ》人の形質が影響を与えているものとも想像される。……

しかしこの明色は虹彩に於てこそ一目瞭然であるが、必ずしもこれに伴って皮膚の色も特に白いとは言い難い。元来蒙古人の皮膚は黄色味に乏しく、所謂乳白色を呈しているからである。……成吉思汗の眼が明色であったという事が若し事実であるとするならば、これは単に蒙古族中に見られた形質の一片鱗を表現して居るに過ぎぬ。匈奴以来の蒙古人が原則として褐色の眼を持って居て今日に至ると考えるのは最も妥当な見解であると思うのであるが、中には矢張り明色のものも若干居て、成吉思汗にも偶然この形質が現われて居たものと想像するのである。……したがってこの往古の蒙古族中に見られた明色の眼については、碧眼の土耳古《トルコ》族烏孫《ウソン》の如きを考慮の内に入れるの外なきに至るのである。……

蒙古皺襞という言葉は多少流布されて、蒙古人の重要な特徴の一と見做されて居る。これは内皆に見られる皺襞である。元来上眼瞼の縁を見ると欧洲人では二重眼瞼で眼縁に沿うて溝があるものである。然るに蒙古人では九割以上一重瞼で、溝が表に現われて居る事はない。……

顔の幅も蒙古人では大きい。殆んど十五糎歩度ある。亜米利加《アメリカ》大陸は知らず、旧大陸でこれほど大きい寸法の顔幅を持つ民族は外にない。この幅径は顴(骨)の側方への拡がりの最も大きいところを測るので、顴(骨)弓幅と呼ぶのであるが、この蒙古人程の大きさを持つ民族は所謂ツングース族の大部分と、土耳古族の一部とに限られ、他には全くないのである。(横尾安夫『東亜の民族』一九四二、一一八―一二二、一四一頁)

これが、人類学者による中世モンゴル人の眼の形や顴骨など身体的特徴に関する解釈と分析である。横尾安夫とその人類学的調査研究については、第5章で詳しく取り上げるが、彼はここでモンゴル人の眼の明色からヨーロッパ人との交雑の可能性について示唆している。

ここで触れられている顔幅も頭幅も、脳の容量を測るために考え出された人類学の「基準」だった。いうまでもなく、脳容量が大きいほど「進化」し、「優れた人種」に属すと解釈されていた。つまり、頭部指数でもって人種の優劣を語っていたわけだが、そのほとんどが個人差であって、「人種差」ではなかったことが、当然ながら今日では常識となっている。

また、「蒙古人は黄色人種を代表して居る様にうけとられる」が、事実はそうではない、と横尾は論じている。「蒙古人の肌を見ると寧ろ乳白色である」ので、「蒙古人は黄色人種を代表するものとしては不適当という可きであろう」と横尾は繰り返し唱えていた。これを現在広く定着している言葉で言い換えると、モンゴル人はモンゴロイドを代表しない。欧米の人類学者が「黄色人種」をモンゴロイドと呼ぶのは正しくない、ということである。

われわれ現生人類、すなわちホモ・サピエンスは生物学的種の観点から見れば、同じ種である。種が異なれば、交配し子孫を生むことはできない。「人種」が異なるように見えても遊牧生活を送ってきた私たちモンゴル人とトルコ系のカザフ人社会には以下のような諺がある。

「モンゴル人と中国人の価値観には天と地の如き差があっても、種は同じ。馬とロバは同じように走っても、種は異なる」。

馬とロバは人間の強制的な介入によりラバが生まれることもあるが、ラバは子孫を残すことはできない。馬とロバは生物学的に近くても、種は異なる。人間は肌の色など身体的な特徴に大きな差異が認められても、出会いにより子孫繁栄につながる。身体的特徴は「種」の違いではなく、自然への適応過程で形成されたものである、というのが今日の人類学者の共通認識である。

民族問題として現れる人種主義

過去の一時期、そして現在においても、人間を異なる種に分類して論じた人類学者や考古学者の思想や観点について述べる際に、使われるのが「人種」という概念である。

英国の考古学者で、特にネアンデルタール人について研究してきたレベッカ・ウラッグ・サイクスは最近、次のような趣旨の発言をしている。

「学問分野としての人類の起源の探究は、全人類のために地球規模で起源を解明するという信念に根ざしている。しかし西洋の関係者はしばしば特権的に振る舞ってきた」という。ネアンデルタール人の生活を復元しようとした際に、世界各地の先住民、狩猟採集民と比較する手法が採用された。その結果、非倫理的な方法によって運ばれてきた人骨が現在もビニールで梱包され、西洋各国の博物館に保管されている。そうしたネアンデルタール人研究は、先住民社会に有害な影響を与えている（レベッカ・ウラッグ・サイクス『ネアンデルタール』二〇二二、五六一頁）。

私には、日本のルーツ探究の際の人骨収集にも似たような影響が顕れているように見える。古代の日本人の生活のあり方を近現代までのアイヌや琉球人の中から「発見」して比較し、さらには台湾先住民や「満蒙人」との「親縁性」にまで伸ばす。こうした見方には、「進化し続けたのは日本人で、停滞し続けたのはアイヌと琉球、そして蒙古人」という人種主義的思想が見え隠れする。生活のパターンによる単純な比較と分類は、容易に差別につながっていく。

比較分類された「人種」に優劣をつける「人種論」、すなわち人種主義が横行すれば、差別的な言説は特定の人種の抹殺にも発展する。第二次世界大戦期のナチス・ドイツによるユダヤ人ホロコーストと、現代中国が内モンゴル自治区と新疆ウイグル自治区で進めてきたジェノサイドがその典型的な事例である（楊海英「ウイグル人のレジスタンスは何を発信したのか」『世界』二〇一四年一月。楊海英『墓標なき草原（上・下）』二〇〇九。Zenz, Adrian, *Sterilizations, Forced Abortions, and Mandatory Birth Control, The CCP's Campaign to Suppress Uyghur Birthrates in Xinjiang*, 2020）。このように、民族問題として現れる人種主義は、さまざまな形で先進国も含めた国際社会の不穏な要素の一つともなっている。

では、なぜ肌の白いモンゴル人が近代に入ってから「蒙古人種」すなわち「黄色人種」と見なされたのか。そもそも「人種」という概念を近現代の日本の人類学者はどのように理解し、調査研究してきたのか。横尾安夫のような人類学者たちはまた、如何なる経緯でユーラシア東部のモンゴル高原に入り、どんな方法でモンゴル人について観察していたのか。モンゴル人のどういうデータに即して人類学の学知を体系化し、日本社会一般に広げたのか。日本社会における「人種」という概念を支える思想的、哲学的背景に何があったのか。

本書は、帝国日本の人類学者たちがどのように支配地域から人骨を集め、その人骨を用いてどのような学知・理論を構築したか、とりわけ日本人のルーツ探究と関連した学説の成立と広がりについて考察している。いわば、日本人類学の「帝国学説史」であり、帝国日本の学知史である。人類学者と考古学者が作り上げた諸種の学説の深層に隠された人種主義的思想、その変遷にもメスを入れながら、最新の科学技術との関連から現代の国際社会の民族問題・人種問題の新たな危険性について思考する材料を提供したい。

というのは、モンゴル人の私が長らく人類学的調査をおこなってきた地域の二つ、新疆ウイグル自治区と内モンゴル自治区で、ウイグル人とモンゴル人を対象とした「人種」の問題が再び世界的な注目を浴びているからである。内モンゴル自治区では二〇二〇年秋からモンゴル語教育が廃止される政策が導入されると同時に、顔認証技術を駆使した監視カメラが津々浦々にまで設置された（楊海英『内モンゴル紛争』二〇二一）。また、新疆ウイグル自治区においては、中国政府はウイグル人から採取した血液と遺伝子情報を伝えるＤＮＡ、それに眼の虹彩を組織的に収集し、ＡＩを駆使して監視と強制収容に利用している、とＢＢＣ（英国放送協会）、ＩＣＩＪ（国際調査報道ジャーナリスト連合）などの報道機関が指摘している。

そして、大勢のウイグル人男性を逮捕して「再教育センター」に送り込むと同時に、女性と子供だけが残る家庭に中国人男性を「親戚」として派遣して同居させている。中国政府は無理やりに中国人男性とウイグル人女性との混血を制度的に進め、「血の混淆」を通して民族問題を解決しようとしている。そのやり方には、古い「混血」の論理で以て、イスラームを信仰するウイグル人を「中華民族の大家庭」に加えようとする意図がある、と当事者のウイグル人たちは認識している（于田ケリム・楊海英『ジェノサイド国家　中国の真実』二〇二一、八七―八八頁）。抵抗する民族の女性を支配者の男性と結婚させることで、「優秀な中国人の血」で以て「反抗的な人種ウイグル人」を完全に消そうとしている。新疆ウイグル自治区での中国政府のやり方はジェノサイドで、内モンゴル自治区での抑圧的政策は文化の抹消にあたる、と日本を含む国際社会から厳しく批判されているのは周知の事実である。今やモンゴル人に代わって「黄色人種の代表」を自任する、中国の「人種」学的野望の現れであろう。

今日、人工知能を活用した監視技術を支えているのは、人間の身体的な特徴と各種の人骨からの豊富な遺伝子情報である。顔認証技術によって顔面と身体の骨格上の特徴が読み取られ、これに遺伝子情報も加えられて、以前からの「人種」や民族の研究に人間の身体（遺体と生体の双方）を活用してきた人類学の過去の情報と学知が再利用される危険性を認識しなければならない。

第1章

遊牧民と骨——オルドスの沙漠に埋もれる人骨と化石

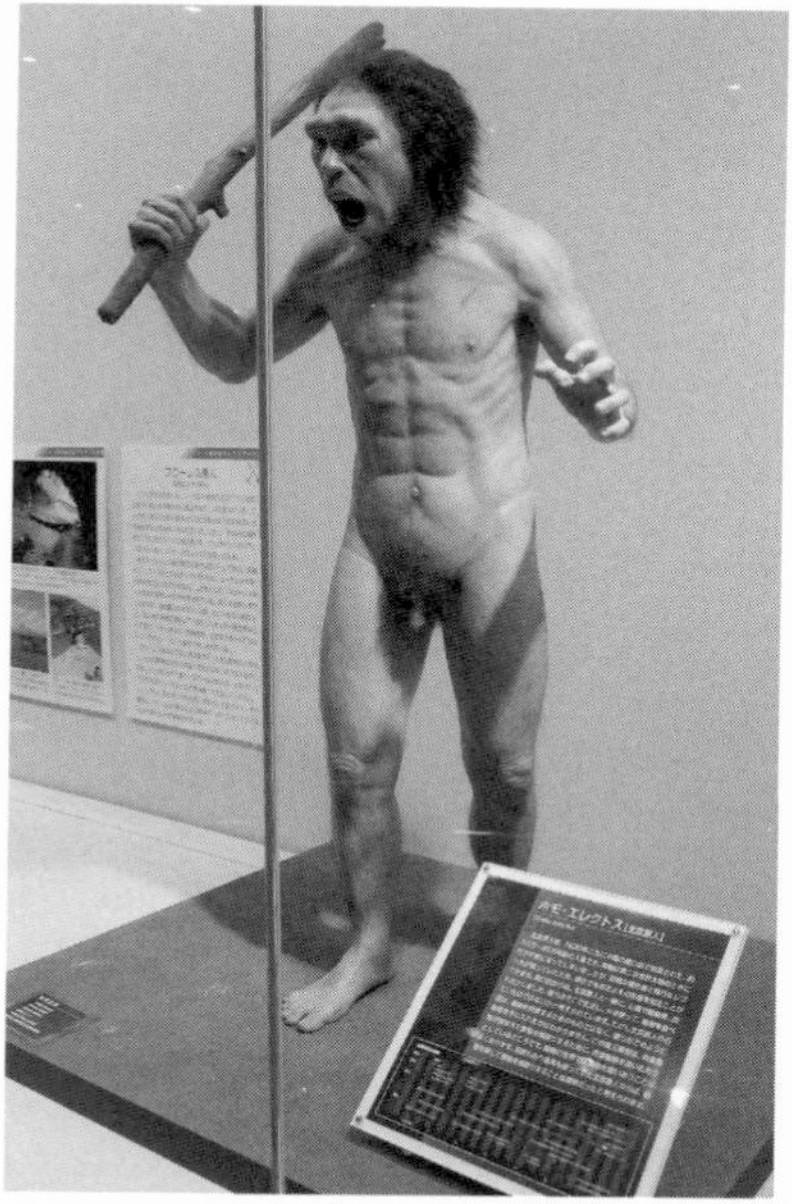

沖縄県立美術館・博物館内の「北京原人」の復原像．世界の博物館は化石人類を人類の多様な進化の一環として展示しているが，中国では「中華民族の祖先」として位置づけられている．2016 年冬撮影．

本章では、人類学者としての私個人の考古学的経験をまず述べておきたい。このことは、本書全体の趣旨を理解する上で必要である。

人骨の神秘性

形質人類学も先史考古学もよく人骨を扱う。

「私の研究室の傍の机上には常に頭蓋骨がおいてある。これは別に飾りではなく、時々必要になる為である」と、東京帝国大学の人類学者であった横尾安夫は一九三九年に述懐している。もちろん、私は横尾の研究室を見たことはない。しかし、おそらくそれらの頭蓋骨を用いて、精緻に精緻を重ねた測量データを得るすべを学生たちに伝授していたのではないだろうか。

私の手元には数多くの日本人類学の調査報告書がある。これらの報告書を紐解くと、そこには日本の人類学者が国内外で集積してきた天文学的な人体計測の数値データが羅列されている。『文化人類学Ⅰ』を著したアメリカの人類学者シュルツとラヴェンダは、その類の計測データは無意味だと批判的に述べている。しかし、二〇二〇年代の現在、日本人が得意としてきた計測データの集積は、デジタル顔認証技術との相性がいいのではないか、という点で私には危惧がある。これほどの膨大な人骨のデータを集めることはもはや不可能であり、きわめて貴重だが、使い方によっては危険でもある。

いま私の大学の研究室にも自宅書斎にも頭蓋骨はないが、小さい時から身近な存在だった。私の故郷はモンゴル高原最南端のオルドスにあり、幼い頃は牧畜生活を送っていた。春になると、偏西風が沙嵐をもたらす。数日間にわたって風が猛威を振るった後の草原や沙漠には、必ずといってもいいほど古人骨が現れる。傍に銅鏡や鐙《あぶみ》、そして鏃《やじり》が散乱している場合も多かった。私はよく鏃を拾い、頭蓋骨の眼孔を覗き込んだ。とても神秘的に感じたが、少しも怖くはなかった。しばらくすると、人骨は大抵、羊や牛に食われてしまう。動物が骨に含まれるカルシウム成分を欲したのだろうか。そして、人骨を食べた家畜の乳と肉を人間が消費する(楊海英編『モンゴルの仏教寺院』二〇二一)。

たまに、どう見ても新しそうな人骨やミイラが現れると、牧畜民だった両親がスコップで沙をかけて、簡単に再埋葬していた。そのような人骨には家畜も興味を示さなかった。

一九七二年秋から通った地元の古城小学校は西夏《タングート》時代(一〇三八〜一二二七)の都市廃墟の近くにあった。外堀に沿って無数の鏃が落ちていて、古い井戸の近くには頭蓋骨も多かった。銅製の鏃が刺さり、穴(傷口)の周りは銅錆で青くなっていた。私たち男子学生はその頭蓋骨を抱え、自分の頭に乗せて女子学生を驚かせるのが好きだった。

夜になると、母方の祖父母はチンギス・ハーンのモンゴル軍と西夏軍との激戦の話を、まるで自分の眼で見たように語った。一七世紀頃に建てられ、一九五八年に中国政府によって破壊されたチベット仏教寺院の中に祖父母は住んでいた。その東隣には老齢のラマ(チベット仏教の僧侶)がいた。彼は深夜になると、必ずといっていいほど笛を吹いた。竹製の笛と違い、重厚な音色を出す骨笛だった。骨笛の一端にシルクが巻かれ、油が滲み出ていた。

「悪魔を退治する威力のある魔笛だ。いたずらっ子も押さえ込むぞ」

興味津々の私に、ラマはそう自慢した。その骨笛はガンドゥといい、一八歳未満で夭折した少女の左足の上肢骨で作るものだった。時は文化大革命の後半期で、あらゆる宗教活動が厳しく禁じられていた時代である。中国共産党から迫害されていたラマが深夜に骨笛を吹くのも、一種の静かな抵抗だったのかもしれない。あるいは彼のようなモンゴル人僧侶にとって、中国共産党こそが寺院を破壊し、モンゴル人を大虐殺する悪魔だったに違いない（楊海英『墓標なき草原（上・下）』二〇〇九）。

このように、人骨は私にとって、決してたんに死を意味する、不浄の存在ではなかった。人骨は人間の別の形態であり、何らかのかたちで生きている私たちとつながっていると思っていた。まさに「男は天幕《ゲル》に生まれ、荒野《ケイル》に死ぬものだ」、というモンゴルの諺を実感する情景であった。

ユーラシア遊牧民の頭蓋骨儀礼

人類は古くから自身の骨の一部、頭蓋骨を神聖視してきた。ユーラシアの遊牧民は古くから人間の骨骼の中でも、頭蓋骨には特別な力が宿ると信じ、神聖視してきた。「歴史の父」と称される、紀元前五世紀のギリシア人ヘロドトスはその著書『歴史《ヒストリアイ》』の中で、古代の遊牧民スキタイの風習について記録している。

スキュタイ（スキタイ。以下（　）内は著者注）人は最初に倒した敵の血を飲む。また戦闘で殺した敵兵は、ことごとくその首級を王の許へ持参する。首級を持参すれば鹵《ろ》獲《かく》物の分配に与ることができるが、さもなくば分配に与れぬからである。スキュタイ人は首級の皮を次のようにして剝ぎとる。耳のあたりで丸く刃物を入れ、首級をつかんでゆすぶり、頭皮と頭蓋骨を離す。それから牛の肋骨を用いて皮から肉をそぎ落し、手で揉んで柔軟にすると一種の手巾ができ上る。それを自分の乗馬の馬勒にかけて誇るのである。……

　スキュティアにはこのような風習が行なわれているのであるが、首級そのものは次のように扱う——ただしどの首級もというのではなく、最も憎い敵の首だけをそうするのであるが。眉から下の部分は鋸で切り落し、残りの部分を綺麗に掃除する。貧しい者であれば、ただ牛の生皮を外側に張ってそのまま使用するが、金持ちであれば牛の生皮を被せた上、さらに内側に黄金を張り、盃として用いるのである。彼らは近親の頭蓋骨をもこれと同じように扱うことがある。身内の間に争いが起り、王の面前で相手を負かした場合である。大切な来客があると、これらの頭蓋骨を見せ、これらの者たちは自分の近親であったが自分に争いをしかけたので、打倒したのであると手柄話にして説明するのである。（ヘロドトス『歴史(中)』一九七二、四〇—四一頁）

　ユーラシア大陸を東から西へと席巻していったスキタイ人が頭蓋骨をめぐる独自の信仰を有し、独特な儀礼がおこなわれていた事実をヘロドトスは伝えている。スキタイ人はユーラシア東部発祥の遊牧民だったが、ヘロドトスが記述した時代は既に西へ移動していた。ドン河からドナウ河の間、すなわちコーカサスから今日のウクライナ南部、ルーマニアまで展開し、地中海と黒海沿岸の都市、農耕世界に軍事的圧力をかけながら交流していた。

写真 1－1　モンゴル高原北部の草原に立つ鹿石．ユーラシア草原の東西に広く見られる文化財で，スキタイ時代以前から続く文化財と見られている．下部の斧と短剣のデザインは南シベリアのカラスク文化の要素が顕著で，典型的なスキタイ＝オルドス式青銅器と同じである．なお，鹿石は 2023 年夏にユネスコの世界遺産に登録された．2019 年 8 月撮影.

スキタイはまた、東方の大帝国ペルシアを打ち負かすこともあった。近年の考古学的研究では、カザフスタンよりも東、モンゴル高原北部とシベリア南部がスキタイ本来の故郷だったのではないかと見られている。私の故郷オルドスからも大量の「スキタイ式青銅器」が出土していることから、その文化的、政治的影響が長城沿線（綏遠《すいえん》・長城地帯）まで及んでいたのは確実であろう（写真1－1）。

匈奴が作った酒杯

スキタイよりやや遅れて歴史に登場するユーラシアの遊牧民は匈奴である。匈奴の指導者、単《ぜん》于《う》は宿敵の月氏を打ち破って、月氏王の頭蓋骨で頭飲器という酒杯を造った、と古代中国の『漢書』は伝えている。

匈奴もその後、西への移動を開始し、緩やかにフン族に発展していったと考古学的資料は物語っており、近年のゲノム解析もまたその遷移のルートを明らかにしている。

時代は下って、一三世紀初頭のモンゴル高原には、トルコ（テュルク）系言語を話しながらも、限りなくモンゴル系の諸集団と近かったケレイトという強力な遊牧民集団がいた。彼らはキリスト教の一派、ネストリウス教徒で、その指導者のオン・カンは西方で伝説のカトリックの王「プレスター・ジョン」と重ねて伝えられていた。ケレイトが新興の勢力、テムジンの率いるモンゴルに敗れた時に、オン・カンは屈強な遊牧の戦士コリ・スベチに首を刎ねられ、その首級はナイマンという同じくトルコ系の遊牧民集団のハーンに届けられた。その時ハーンの母であるグルベス妃《ハトン》は次のように話した、とモンゴルの古い年代記『モンゴル秘史』は伝えている。

「オン・カンは往昔《むかし》は長老の大カンであった（はずだ）。その首級《こうべ》をもって来るように。もし本物とあらば、われらは（正式に犠牲《いけにえ》もて）祭（りてもや）ろうぞ」といって、コリ・スベチのもとに使者を派して、その首級を断ち切ってもって来させて、（まさしくオン・カンの首級と）知って、白き毛氈の敷物の上に置いて、嫁たちには嫁として（姑舅の葬儀の際の）礼をなさせ、賜盃の御酒を捧げさせ、箜篌《くご》を弾じさせて、（馬乳酒を盛った）椀を取って、（オン・カンの首級に）供したのであった。そのとき、（オン・カンの）首級は、そのように（大仰に自己が）祀られるのをあざ笑った。（『モンゴル

写真1-2 遊牧民のハーンの即位儀礼．新しいハーンは白いフェルトの上に座り，臣下たちに担がれる．狼を祖先と見なす将軍の一人は狼頭の軍旗を持っている．カザフスタン西部 Jumbul Museum 内の絵画．2020年2月撮影．

秘史2』一九七二)

ほぼ同じような記述が、ペルシアの歴史家ラシード・ウッディーンの著作『集史』にもある。

ユーラシアのトルコ・モンゴル系遊牧民社会において、「白き毛氈《フェルト》」は大ハーンの即位の礼や結婚式など、さまざまな政治的な儀礼の場で欠かせない神聖な存在である。殺害されたオン・カンの首級も「白き毛氈」の上に置かれ、丁重に供養されていた。頭蓋骨をめぐる供儀の記録であることがわかる(写真1-2)。

物語には続きがある。

その後、オン・カンの首級をナイマン人は大切に扱わなかったので、テムジンの軍勢に滅ぼされた。テムジンとは「鉄の男」との意で男性のシャーマンを想起させる名前であり、後のチンギス・ハーンである。ちなみに、グルベス妃の名はトカゲやヤモリを指し、こちらは呪術を運用する女性のシャーマンを彷彿とさせる。

オスマン帝国の頭蓋骨の鉢

ユーラシアの西もまた同じである。一五世紀のオスマンの年代記作家は、次のように戦場のシーンを描いた（トゥルスン・ベグ『征服の父　メフメト二世記』二〇二二、一四頁）。

> 戦の場において頭蓋の鉢は、新鮮な鬱金香の杯の如く、澄明な血の葡萄酒に満たされた。

こちらもスキタイ以来の伝統を思い出させる詩文である。

一九九八年夏、大阪にある国立民族学博物館（以下、民博）で「草原の遊牧文明——大モンゴル展」が開かれた。展示品の中に人骨で造られた数珠と「ダバチ・ハーンの椀」とされる木椀が含まれていた（写真1－3）。私と小長谷有紀が共編した展示図録には以下のように書かれている。

写真1－3　西モンゴルのオイラト人のダバチ・ハーンが愛用していたとされる人骨の入っているという椀．『草原の遊牧文明』より．

> 一八世紀のオイラト・モンゴル族のハーンであったダバチ・ハーンが実際に使用していた椀として民間に伝えられてきた。底には、少量の頭蓋骨が入っているとも伝えられている。（小長谷有紀／楊海英編著『草原の遊牧文明』一九九八、八六頁）

ダバチ（ダワチとも）・ハーンは中央ユーラシア最後の遊牧帝国、ジュンガル・ハーン国の指導者だった。一七五五年に清朝乾隆帝の軍に捕らえられ、不運の最期を遂げた。その彼が生前に使っていた椀に嵌められた頭蓋骨は、はたして誰のものだったのだろうか。

写真1－4　台湾先住民の首狩りを描いた17世紀のヨーロッパ人の絵．黄宣衛主編『人類学家的足跡』より．

頭蓋骨は遊牧民だけでなく、狩猟や農耕民社会でも特別視されていた。台湾先住民やその他の地域には近代まで首狩りの風習が残っていた。成人コミュニティへの加入儀礼の一環として、あるいは豊作祈願の供物として、人間の首、頭蓋骨が特に珍重されていたことは、多くの人類学者によって報告されている（写真1－4）。

日本は台湾領有後、首狩りの習慣を禁止し、狩られた後に祭祀の対象とされていた頭蓋骨もすべて燃やされた、と伝えられている。その一方で日本は、さまざまな手段と方法によって、熱心に植民地から先住民の頭蓋骨をはじめとする人骨を収集してきた。先住民の儀礼的行動は「陋習」であって、日本人人類学者による人骨収集は「科学のため」という、矛盾がそこにある。

シャルスン・ゴール河遺跡の古生物の化石に遊ぶ

私が通っていた古城小学校の北西を、シャルスン・ゴールという河が西から東へ流れていた。シャルスン・ゴールは、モンゴル語で「黄色い水」、あるいは「乳漿（乳清）」との意味である。

乳漿とは、ヨーグルトの周りに染み出る、黄色い水分のことである。

小学校付近の西夏時代の都市廃墟で古人骨を拾った後は決まってシャルスン・ゴール河の渓谷に入って水遊びをしたものである。河はモンゴル草原を地下へ一〇〇メートルも深く切り込んだ溝谷を流れ、数百キロ先で黄河に合流していた(写真1-5)。

写真1-5　古生物の宝庫であるシャルスン・ゴール河渓谷内のイケ・トハイこと大溝湾．2015年8月撮影．

水遊びの時、深い渓谷の両岸の断崖絶壁に白く光る物が目に映った。私たちはその白い物をめがけて近づき、とてつもなく大きい動物の肋骨や大腿骨であることを確認した。しかし、それらの「白い骨」が硬い石になっているのに気づき、不思議に思った。地元のモンゴル医者であったラマたちが、その「白い骨のような石」が薬になると話していたが、学問と知識が否定されていた中国文化大革命中の子どもに、それが古生物の化石であることを教えてくれる人は一人もいなかったのである。

実は、モンゴル人が「白い動物の石が出るシャルスン・ゴール河」と呼ぶ渓谷は、世界の考古学界では「シャルオソゴル遺跡」や「シャラ・オッソン・ゴル遺跡」として知られている。

世界的に有名なシャルスン・ゴール河遺跡は、フランス人の古生物学者のエミール・リサンとテイヤール・ド・シャルダンらによって発見されたが、日本の先史考古学者や人類学者たちは、これにいち早く注目していた。東京帝国大学理学部人類学教室に本部を置く「東京人類学会」（後の日本人類学会）が発行していた学会誌『人類学雑誌』は、複数回にわたってリサンの学術論文を翻訳して掲載している。

以下にリサン自身の論文に依拠して、私が遊んでいたシャルスン・ゴール河遺跡の全体像とその意義について記しておこう。

リサンは、まず自身が創設した天津北疆博物院所蔵の古生物コレクションの概要とその考古学的意義について述べている。

北疆博物院(Musée Hoang Ho Pai Ho)は博物学に関する博物館兼研究所でありまして、一九一四年に私が創設した所であります。これは動物学部、植物学部、及び地質古生物学部の三部からなっております。（エ・リサン「天津北疆博物院の古生物学的並に考古学的事業」一九二八、三〇九頁）

モンゴル草原と中国北部で考古学的調査をスタートさせたのは一九一九年のことで、リサンは順調に古生物のコレクションを構築していった。当時、オルドスではベルギー人やオランダ人のカトリックの宣教師たちが布教活動をしており、早速、彼らからも旧石器時代の遺跡に関する情報が多く寄せられた。なかでも、テイヤール・ド・シャルダン（写真1-6）とアントワーヌ・モスタールトの二人は、リサンに一九二一年、シャルスン・ゴール河渓谷での現地調査を強く勧めた。テイヤール・ド・シャルダンは北京原人の発掘にも関わった古生物学者であり、モスタールトは著名なモンゴル学者で、『モンゴル秘史』の研究とオルドス・モンゴル語、それに民俗学資料の翻訳と分析で国際的に知られ、後にハーバード大学で教鞭を執っている。

リサンはモスタールトらの案内で現地を踏査し、「旧石器時代の狩猟者の料理場の跡」と「豊富な新石器時代の遺跡」を発見する（写真1－7）。

このシャラオソゴルと言いますのは、オルドスの南部にある川でありまして、この地方には大きな動物の遺骸があると蒙古人の伝えている処であります。即ちリノセロス（ティコリヌスに近似するもの）、ヘミオーネス、セルビデ、羚羊等の第四紀の動物に富んでいると言う事なのであります。（同、三二〇―三二一頁）

西拉烏素果勒《シャルスン・ゴール》河に於て、黄土相は砂相にいれかわっておる。旧石器時代の遺物は、草原の現在

写真1－6　北疆博物院から発展した天津博物館で展示されているテイヤール・ド・シャルダンの写真．彼の中国名は徳日進．2007年3月撮影．

写真1－7　リサンがモンゴル高原で調査していた頃に掲げていた旗．桑とは，彼の中国名「桑志華」から取ったもの．旗を掲揚するのは，匪賊の襲撃から自身を守るためだったそうである．同上．

の古い黒土の下、五五米の地点に存する。……西拉烏素果勒河の沿岸草原中に新石器時代の遺跡が多い。（エ・リサン「天津北疆博物院に代表されし新石器時代の遺跡（完）」一九三一、一二八―一二九頁）

破壊された草原

現場に立ったリサンはさらに興味深い指摘をしている。オルドス高原南部の長城沿線地帯で、「支那の移住民が其処で土地を開墾してから、砂丘が成立した」現象である。乾燥した大草原は古代から遊牧しか適した生業はなかったが、近現代になると、中国人入植者が大挙して侵入して犂《すき》を入れた。その結果、南モンゴルの草原は破壊されて沙漠となり、そこを発生源とする黄沙は日本と北米にも飛来するようになったのである。

リサンをはじめとする天津北疆博物院の調査隊はその後、「支那北部・蒙古・満洲にわたる七十箇所以上の地点に於て、新石器時代遺跡に遭遇した」。南（内）モンゴル中央部のシリーンゴルとウラーンハダこと赤峰地域のバーリン西部（林西）、興安嶺東麓の沙漠地帯、シャラムレン河流域に及ぶ。彼らの足跡を追うように、東京帝国大学の人類学者鳥居龍蔵（一八七〇～一九五三）と江上波夫（一九〇六～二〇〇二）もこれらの草原地帯に入り、「モンゴルの新石器街道」と表現するほど、豊富な遺物に出会うことになる。鳥居がリサンより早い段階で調査した地域もあった。内モンゴルの南東部である。

リサンとテイヤール・ド・シャルダンの考古学・人類学的貢献について、京都帝国大学の考古学者、水野清一（一九〇五～七一）は次のように評価している。

蒙疆の考古学的遺跡は旧石器時代からはじまる。まず、天津北疆博物院のエミール・リサン師はオルドスで、旧石器時代人の足跡を発見した。シャラ・オッソン・ゴルと水洞溝との二個所である。この旧石器文化が、はたしていかなる系列のうちにおかれてよいかは、まだわかっていない。（水野清一『東亜考古学の発達』一九四八、一六八―一六九頁）

ここでいう水洞溝はシャルスン・ゴール河の西、今日の寧夏回族自治区の首府銀川市の東郊外にある（写真1‐8）。寧夏からオルドスに帰る時、私は、必ずといっていいほどこの地を通過していた。

写真1‐8　オルドス南西部の水洞溝遺跡．遠くに明代の長城が見える．2003年春撮影．

オルドス人から「河套人」へ

リサンらによって発見された旧石器時代のシャルスン・ゴール河遺跡と水洞溝遺跡について、現代中国では狭隘な民族主義的思想に基づく解釈が定着していた。一種の考古民族主義である。考古民族主義とは、古代の人類遺跡を自民族のものとして独占し、出土品を自民族の優越性と結び付けて語る研究と思想を指す。

リサンもテイヤール・ド・シャルダンも、およそすべての国際学界の考古学者や人類学者は旧石器時代人をその発見地に因んで「オルドス人」と表現してきた。ところが、現代中国の考古学者たちは、その著作類を翻訳した際に、「オルドス人」と使わずに、故意に「河套人《かとう》」と改竄した。河套はオルドス高原の北部にある黄河沿線地帯で、シャルスン・ゴール河遺跡と水洞溝遺跡からは数百キロも離れている。

オルドスはトルコ・モンゴル語で、河套は中国語にして中国の地名である。中国の考古学者たちは、どうしても旧石器や化石の発見地にトルコ・モンゴル語由来の歴史やモンゴル語の地名文化を用いたくなかったのだろう。「オルドス人」と表現すれば、ユーラシアの遊牧民の遺跡としてのイメージが強くなるが、「河套人」と呼べば、中国の歴史を極力長くできる。

これに対し、地元オルドスのモンゴル人たちは是正を求めて、二〇〇三年一二月一三日に国際シンポジウムを開催した。国内外から多くの人類学者や考古学者を招待し、遺跡が発見された経緯を詳しく示した上で、「河套人」から「オルドス人」に戻すよう要求した。良識ある研究者たちの賛同を得て、中国の考古学界は長く使用してきた「河套人」との表現をついに是正することとなった(楊海英「天南地北「河套人」から「オルドス人」へ」二〇〇六)。

内モンゴル自治区の末端から、中国という国家レベルの考古ナショナリズムの行き過ぎを批判したのは、オルドスのモンゴル人政治家、包崇明書記(一九六三〜)だった。ところが、彼は二〇一五年一月に汚名を着せられて逮捕され、二〇二〇年に懲役一〇年の実刑判決が下った。中国政府は、モンゴル人からの疑義提示を許さなかった。中国政府からすれば、「オルドス人」を「河套人」と改竄したのも「愛国主義的行動」にすぎず、その是正を要求したモンゴル人は「民族分裂主義者」に当たるのである。

考古学的調査に限っていえば、中国では寧夏博物館の研究者が一九八〇年に再び水洞溝で発掘を進め、旧石器時代後期の遺跡だと断定した。そして、一九八八年一月には中国の重点文物（重要文化財）に認定された。近年では、「どの民族の遺跡であろうと、すべては中華民族の共通した遺産」と位置づけられている。しかし、旧石器時代の人類を現在の「民族」で語るのには限界がある。

ついでに指摘すると、日本でも琉球諸島や北海道の先史時代の遺跡をすべて和人＝日本人のものとして認識する研究者もいる。

リサンは触れていないが、私のその後の複数回の追跡調査の結果、判明したことがある。リサンとテイヤール・ド・シャルダンら一行を案内していたのはワンチュク（中国名は王石順）というカトリックに改宗した地元のモンゴル人であった。彼は私の母親と同じ氏族に属し、遠縁の親戚でもあった。ワンチュクはリサンに連れられて天津に行き、後に北京で暮らした。彼には娘が一人いて、中華人民共和国時代は中央民族学院（現・中央民族大学）に勤めていたという。

リサンが創設した北疆博物院は現在、天津博物館となっている。私は二〇〇七年三月に民博および国立歴史民俗博物館（歴博）の研究者たちと一緒に同館を訪問したが、その際、リサンのコレクションが展示全体の中心を成していることを確認した。

「北京原人」をめぐる対立

考古民族主義は、北京原人をめぐっても対立を生んでいる。私たち現生人類は約二〇万年前にアフリカで生まれたとされるホモ・サピエンスである。ホモ・サピエンスに到達するまでにさまざまな化石人類が過去に存在していた。猿人・原人・旧人・新人という段階を経て進んできたと考えられている。

原人の代表格の一つに北京原人があり、ホモ・エレクトスに属している。分子人類学者の篠田謙一の最新の見解によると、「彼らは二〇〇万年前にアフリカで誕生して、ほどなくして世界に拡散した」という。「姿形からホモ属に認められる種が登場するのは、およそ二五〇万～二〇〇万年前」と理解するならば、現在の民族とホモ・サピエンスはホモ・エレクトスとは「血縁的」にはつながっていない（篠田謙一『人類の起源』二〇二二、一九頁）。

このホモ・エレクトスの一員である北京原人をめぐり、中国の人類学者や先史考古学者と世界の研究者たちの見解が激しく対立してきた。

北京原人の頭蓋骨は北京市郊外の周口店で発見されたが、その遺跡の重要性を示唆したのは、黄土地帯の新石器時代の仰韶《ヤンシャオ》遺跡を発掘したことで知られる、スウェーデン人の考古学者アンダーソンだった。彼は調査範囲を拡げ、中国西部で発掘された彩陶には明らかに西アジア的な要素が確認できるとし、その後の時代の青銅器にもスキタイの影響が顕著だと指摘した。しかし、アンダーソンの見方は「中国文化西来説」だと批判され、広く知られているように、怒濤の如きナショナリズムが沸き起こった。後に青銅器におけるスキタイ・匈奴の影響については容認したものの、彩陶をめぐる解釈の面では、中国の考古学者たちは、頑として健全な議論を展開しようとしなかった(写真1－9)。現在も中央アジアで彩陶が発掘されており、議論が続いている。

ついでに指摘しておくと、清朝末期の一時期、日本に留学した中国人革命家たちもまた「漢民族は西のバビロンから来た白人種だ」と唱えていた。「白人にして優秀な漢民族」が「劣等人種にして黄色い満洲人と蒙古人」に支配されるのを阻止しようとして、打倒清朝の民族革命は勃発したというのである(呉鋭『中国上古的帝繫構造』二〇一七、『你不可能是漢族』二〇二〇)。革命を発動しようとした留学生たちは日本でダーウィニズムの進化論を学んでいたが、進化論の立場に立つと、白人種は優秀で他の「有色人種」は劣ることになるので、漢民族を白人種のグループに加えようとしたのである。

写真1－9　中国西北部甘粛省康楽辺家林出土の彩陶．鄭為『中国彩陶藝術』より．

「中華民族の直系の祖先」

自民族の歴史の優越性と一貫性を考古学の展示に反映しようとした試みもある。

一九八七年夏、北京第二外国語学院日本語科の助手になったばかりの私は、日本人団体客を連れて陝西省西安市近郊にある半坡《はんぱ》博物館を見学した。「七千年前の母系社会の生活」を展示した博物館には以下のような説明があった。

蒙古人種《モンゴロイド》の揺籃の地は黄河流域である。今から二万年前の山頂洞人も蒙古人種の典型的な特徴を有している。半坡人は山頂洞人の血統を受け継いでおり、皆、中華民族の直系の祖先である。蒙古人種は旧石器時代晩期に中央アジアや東アジアに拡散し、アジアとアメリカにも分布するようになった。(楊東晨「半坡氏族考源」一九八八、一二七頁)

このように、「中央アジアや東アジアに拡散し、アジアとアメリカ」に広がっていった「蒙古人種」を「中華民族」と直接結びつける言い方に、私は困惑した。

その後、一九八八年秋のある日、私は大学から中国科学院古脊椎動物・古人類研究所(IVPP)に派遣され、日本からの学術代表団の通訳を命じられた。一行は別府大学の二宮淳一郎を団長とする古人類学者たちだった。二宮は、北京市内にある北京自然博物館の「人の由来」という特別展に参加するために訪れていた。私は、中国の古人類学者たちとの会議の席でのやりとりを通訳するのに大変苦労し、内容についてもほとんど理解できなかった。

会議の後で二宮一行を北京市郊外の遺跡に案内していた時に雑談に興じ、私がシャルスン・ゴール河畔の人間だと知って、二宮は驚いていた。実は私もその時に初めて、自分の故郷でリサンとテイヤール・ド・シャルダンらのような古生物学者たちが世界的な発見をしていた事実を知ったのである。

「中国人は北京原人の子孫ですか?」と、私は会議の時の激しい議論について、もう一度、二宮に確かめてみた。脳裏には前年に半坡博物館で見た展示に関する疑問が残っていた。

「違う。まったく違う」と、穏やかで紳士的な二宮がその時だけきわめて厳粛な表情で、きっぱりと否定していたのを鮮明に覚えている。

北京自然博物館で「人の由来」展が始まる前の一九八〇年二月二一日に、二宮が勤務する別府大学で「人類の起源をどう考えるか」という国際シンポジウムが開催されていた。その時、当時の中国を代表する古人類学者の呉汝康が基調講演をおこなった。呉は北京原人をはじめ、その後発見された広東省の「馬壩人《ばは》」と陝西省の「大茘人《だいれい》」(約一〇万年前)などに黄色人種の祖型が見られると繰り返し力説した。つまり、現代の黄色人種には、北京原人から「馬壩人」と陝西省の「大茘人」の時代を経て、一貫した系統的特質が確立されていると主張したのである。

黄色人種の一つの特徴として、モンゴル人もふくめて、頬が出っぱっていますが、この大茘人にもあてはまります。また鼻も白人種のように高くなく、下の方を向いています。それから矢状稜があります。これは北京原人からはじまって、それ以後大茘人をふくめて旧人にいたるまで、さらに黄色人種全体、華北の人も、モンゴルの人も日本の人も、みなこの特徴をもっているといえるものです。……北京原人、それから大茘人を含めた旧人をへて、現代の黄色人種へと、ずっとつながって現代に至っていることがはっきりしたといえましょう。(呉汝康ほか著、二宮淳一郎/橘昌信編『古猿・古人類』一九八〇、三一頁)

このシンポジウムの席上で、二宮は人類の起源の場所はアフリカかそれともアジアか、一つに限るか両方か、と質問した。つまり、人類多地域起源説か、それともアフリカ単一起源説かについて問い質したのである。当然ながら呉は、中国人は北京原人の系統を汲む、と一歩も譲らなかった。そして、呉はモンゴル人の「頬が出っぱっている」身体的特徴を「黄色人種」全体に共通するものだと主張した。

その後、私は一九八九年三月に別府大学に留学し、一年間二宮の指導を受けた。

アフリカ単一起源説で論争に決着

二一世紀に入り、ＢＢＣが人類の足跡をたどる番組を制作した際、解剖学者で、骨考古学と人類学的研究にも精通するアリス・ロバーツが取材班に同行した。彼女は周口店で中国の古人類学界の重鎮の一人、呉新智と会い、議論を交わした。

中国では、中国人は「ホモ・エレクトス」の直系の子孫だという見方が多くの人に支持されているからだ。中国の古人類学者たちは中国人の地域的連続性を支持する証拠はいくらでもあり、中国人は一〇〇万年以上前に東アジアに到達した旧人類の直系子孫なのだ、と主張する。彼らは、太古の中国のホモ・エレクトスの化石には、現在の中国人の顔立ちの特徴がすでに現れている、とも言っている。これは、全世界の現生人類は皆、アフリカに起源を持つという、より広く受け入れられている説に真っ向から対立するものである。……

研究者の大半は、中国で発見された旧人類の化石と現生人類の化石は、時代が隔たっているだけでなく、形態学的および遺伝学的な隔たりも大きいと考えているようだ。私自身も、北京原人の化石やレプリカを見て、それが中国人の祖先だとはとても思えなかった。（アリス・ロバーツ『人類二〇万年　遙かなる旅路』二〇一六、三〇一―三〇二、三一三頁）

「中国人の系統は一〇〇万年前にさかのぼり、地球最古の民族」だとする主張は学問的にはまったく成り立たない、とロバーツは批判している。

また、日本の霊長類研究家の島泰三は人類起源をめぐる論争について、次のように述べている。

ホモ・サピエンスがアフリカに生まれたとする単一起源論者と、ヨーロッパとアジアでそれぞれ別の祖先種がいたとする多地域進化論者である。人類学の論争は、常に自己保存と自己正当化、他者への蔑視を正当化しようとするものだから、価値観の相違を言いつのるかぎり、客観的な科学が入る余地さえないものだった。（島泰三『ヒト』二〇一六、一八二―一八三頁）

遺伝学の発達により、アフリカ単一起源説に疑いの余地はないと論争に終止符が打たれた、と島は指摘する。このように、二〇世紀末まではアフリカ起源説に抵抗し、多地域進化説を唱える人類学者もいたが、そうした論争は世界的にはほぼ沈静化したと見られている。アフリカ起源説にしても、多地域進化説にしても、特定の民族のルーツを特定の地域に探すという試みはあまり見られない。

大陸の住民にとって、移動はあたりまえの行動であり、どこかに固定されたルーツがあるはずがない。日本における日本人のルーツ探究もやはり、独特の現象である。ユーラシア大陸の東部からさらに遠く離れた「孤島」の住民の、孤独を癒す慰撫のように見える。

では、ヨーロッパの研究者たちがユーラシア東部で広く探査し、さまざまな遺跡を発見して多種多様な学説が発表されていた二〇世紀前半において、日本の考古学者や人類学者たちはどのように行動したのか。彼らはどんな学説を呈示し、世界と渡り合ったのか。次章では日本に舞台を移し、人類学の推移を追う。

第2章

アイヌ、琉球から始まった人骨収集
――日本の古住民を求めて

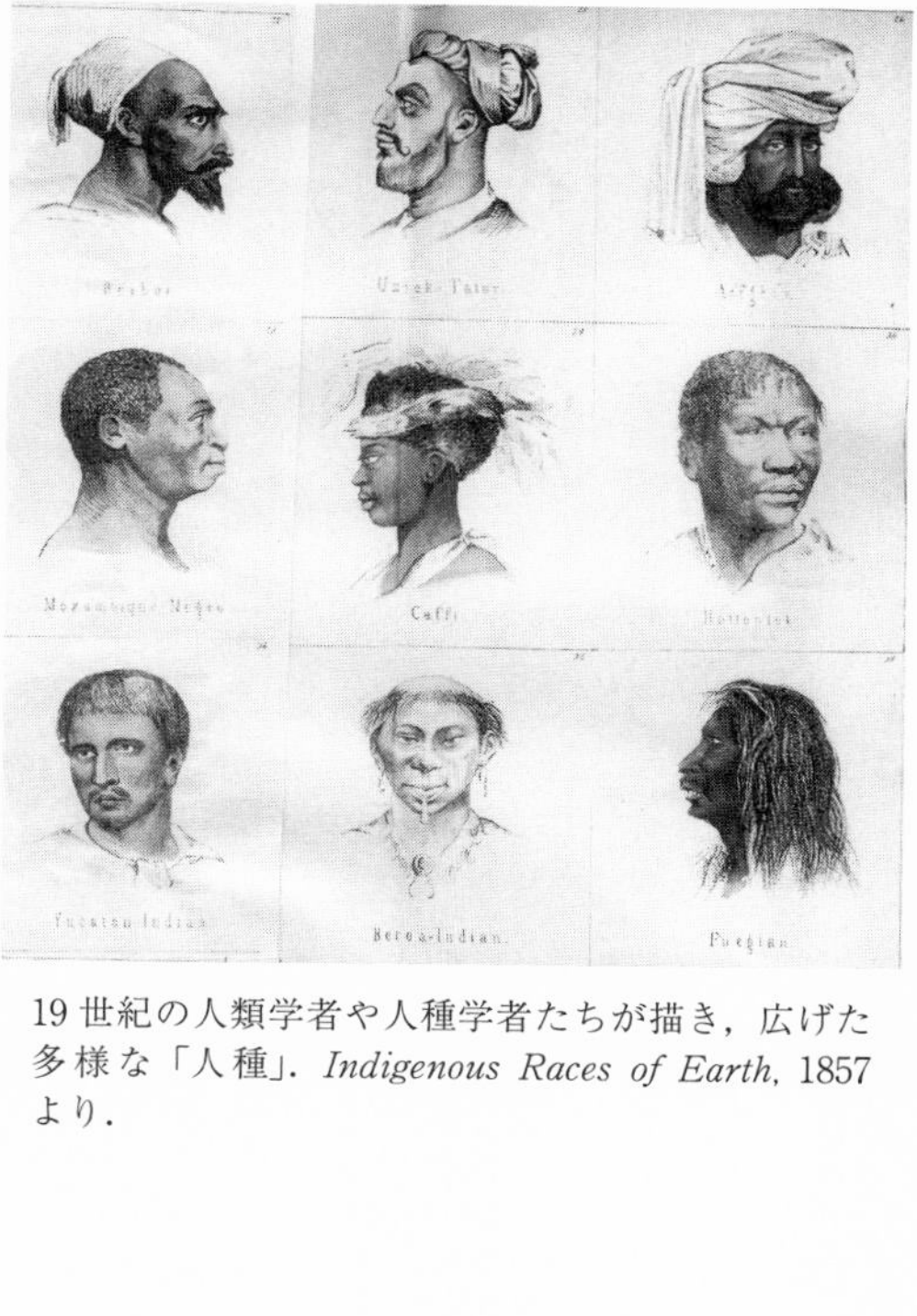

19世紀の人類学者や人種学者たちが描き，広げた多様な「人種」. *Indigenous Races of Earth*, 1857より.

日本の人類学は、近代日本が大きく変化し、日本列島から拡張して台湾を領有し、ユーラシア大陸に夢と野望を抱く時代に誕生し、少しずつ成熟していった学問である。人類学史を綴った桜美林大学の中生勝美は、「人類学と植民地主義の密接な関係は避けられぬ運命であった」と述べている。人類学者たちは植民地行政府や現地に駐屯する軍隊、それに官憲の保護の下で調査をおこない、その学知もまた植民地統治に役立つと見られていた(中生勝美『近代日本の人類学史』二〇一六)。いうまでもなく、台湾と満蒙(満洲と南モンゴル)でのフィールドワークから得られた学知が、近代日本の人類学界の国際的な繁栄を支えてきたのである。

「東京人類学会」創設の目的

日本人類学会は当初、東京人類学会と称し、一八八四(明治一七)年に創設された。東京帝国大学理学部人類学教室内に編集部を置く機関誌『東京人類学雑誌』(一八八七年に当初の『東京人類学会報告』から改称。現『人類学雑誌』)は創立五〇年を祝して、一九三四年に記念号を発行している。この記念号に松村瞭(一八八〇～一九三六)の執筆した東京人類学会の歩みが詳しく記されているので、以下では私なりに、つまり旧植民地の満蒙出身の人類学者の視点から、同学会の人類学者たちの研究と思想的変遷をまとめてみたい。なお、私の視点は当然、日本人の人類学者と異なっているはずで、終始、本書の展開にも貫かれていることを断っておきたい。

「東京人類学会は、明治一七年一〇月一二日、当時東京大学理学部生物学科生徒たりし坪井正五郎(写真2-1)・白井光太郎・工部大学校生徒佐藤勇太朗及び駒場農学校生徒福屋梅太郎の四氏に依って創立された」と、記念誌は伝えている。

学会創設の目的は、「人類の解剖・生理・発育・遺伝・変遷・開化等を研究して、人類に関する自然の理を明かにする」ことであった。わずか四名によって創設されたが、一八八七年には既に会員は二一〇名に達し、順調に発展していった。

「人類の解剖・生理・発育・遺伝・変遷・開化等」との表現に見られるように、多くの学術概念の使い方は必ずしも現在の慣行とは一致しないが、その変遷自体が人類学の日本における変質を意味している。アジアの新興近代国家日本のこうしたアプローチは、ヨーロッパでの人類学の誕生と実践を模倣したものである。

写真2-1　日本人類学会の創設者の一人，坪井正五郎.『人類学雑誌』第49巻第11号より.

たとえば、ロシアのサンクトペテルブルクにある人類学・民族学博物館は、ピョートル一世によって創建された「クンストカメラ」が始まりである(写真2-2)。一七〇四年から一八年にかけて、ツァーは帝国支配下の各地から「奇形児と珍品の提出」を命じた。優生学を念頭に、「劣等種」の出現を防ぐことを目的として、医事局にさまざまな「珍品」が収集されたのである。その後、ロシア人学者や探検家たちの努力により、良質な民族学的資料が集められていっ

写真 2－2　奇形児を魚や動物と同じケースに入れたクンストカメラの展示．2018 年 12 月撮影．

た。それでも、博物館とロシアにおける人類学・民族学の発展の道のりを物語ることの意味を重視する趣旨により、「奇形児と珍品」の展示は現在も続いている。

なお、ロシアの人類学・民族学の薫陶を受け、日本の民俗文化、なかでも沖縄と南西諸島の民間信仰に強い関心を抱き、柳田国男や石田英一郎ら大正と昭和期を代表する民俗学者・人類学者と熱心に交流していたのが、ニコライ・ネフスキー（一八九二〜一九三七）である。私は、彼が西夏《タングート》王国の研究に貢献しながら、スターリンによって粛清された悲劇的な人生と最期に深い感銘を覚えている。朝鮮半島出身で、私が学んだ民博の教授だった加藤九祚の名著『完本 天の蛇』（二〇一一）はそのようなネフスキーの生涯を描いている。加藤は満洲で従軍中にソ連によってシベリアに抑留されながらも、かの地で人類学的観察を続け、数多くの民族誌を上梓している。

一九九二年秋のある日、東京・新橋駅の高架下で、加藤と夫人、それに私の指導教官の松原正毅と私の四人で食事をした。松原は前章で触れた水野清一と濱田耕作が教鞭を執っていた京都大学で考古学を学び、揚子江流域の新石器の分類に関する修士論文を書き上げたが、その後は主としてユーラシアの遊牧民社会で人類学的調査研究を続けてきた。その日からまもなく、加藤は中央アジアのウズベキスタンに移り住み、考古学的発掘に専念し、『アイハヌム』という「加藤九祚一人雑誌」を公刊しながら、ユーラシアの考古学的情報を日本に伝えてきた。二〇一六年秋に現地で亡くなったが、その前の年からウズベキスタンでの調査研究を開始していた私は加藤の発掘現場を見ることを願いながら、ついに実現できなかった。

日本列島の古住民はアイヌか否か

『人類学雑誌』に掲載された松村の論文からは、日本の人類学者たちは第一に、日本の石器時代の諸問題に強い関心を抱いていたことがわかる。次いで、「日本民族やアイヌの研究は、常に学者の注意」を引いており、第三には「台湾・樺太・南洋」など、国力の発展に伴って展開された地域に関する人類学的研究があった。

当時、日本列島の「古住民はアイヌか否か」についての論争が激しく繰り広げられていた。学会創設の中心人物である坪井正五郎は、一八八八(明治二一)年夏、ドイツで解剖学を学んで東京帝国大学医学部で教鞭を執っていた小金井良精《よしきよ》(一八五九〜一九四四)(写真2-3、4)と共に北海道を旅し、石器時代の遺跡とアイヌとの関連性について調査した。

人類学会の創設者の一人である福屋梅太郎は「太古人種の性質を究むる為めには、遺骸の研究が必要である」と指摘しているが、小金井は、一八九〇年から東京帝国大学人類学教室で各地の貝塚を発掘し、そこで収集してきた「人類の四肢骨を研究し、之がアイヌのそれと類似する所か

写真 2-3　東京帝国大学医学部解剖学教室．多くの人類学者たちがここで理論を学びながら人骨を計測し，さまざまな学説を世に送り出した．小金井良精著『人類学研究』より．

写真 2-4　小金井良精．横尾安夫著『東亜の民族』より．

ら、両者を同一人種と思考する」と唱えた。坪井はこの説に批判的で、アイヌの民話に登場するコロボックルを先住民とする仮説に傾いていた。日本列島の「古住民」はアイヌだとする小金井と、証拠はまだ足りぬと説く坪井の対立である。

大正期に入り、「遺骸を資料とする人種論」は一段と盛んになってくる。小金井は特に日本国内での人骨の収集に「腐心」していたと、学会はその役割と貢献を評価している。京都帝国大学の清野謙次（一八八五～一九五五）と金関丈夫（一八九七～一九八三）らも、三河吉胡貝塚発見の人骨に

東京人類學會創立五十年記念講演會懇親會記念撮影

（昭和9年4月1日夜）

阿部與喜　小山榮三　宮内悦藏　江上波夫　鈴木尚　栗島直樹　水野清一　駒井和愛　柳井三郎　島五郎　淺田芳郎　八幡一郎　甲野勇

杉原莊介　田邊秀久　吉井八百吉　新井正治　齋藤基　大場磐雄　石野瑛　梅原末治　金關丈夫　三宅宗悦　横尾安夫　須田昭義

今村豐　古畑種基　望月周三郎　川上漸　清野謙次　松村瞭　中澤澄男　橋本増吉　小林胖生　上田常吉　平光吾一

写真2-5　東京人類学会創立五十年記念講演会懇親会記念撮影．後列右から4人目が江上波夫，5人目は鈴木尚，7人目は水野清一，10人目は島五郎．中央左から2人目が横尾安夫で，4人目が金関丈夫．前列右から1人目が今村豊，5人目が清野謙次．本書の主要な登場人物にして，近代日本の人類学と考古学界を担った錚々たるメンバーが揃っている．『人類学雑誌』第49巻第5号より．

関する計測と研究に即して討論に加わってきた。さらに、植民地でも台北帝国大学と京城帝国大学で医学部に解剖学教室が相次いで設置されるにつれ、形質人類学の論文が飛躍的に増えてくる（写真2－5）。

人類学的研究を支えた優生学理論

古人骨だけでなく、現代を生きる諸民族・諸「人種」の「体質に関する研究」についても、ヨーロッパに倣って進める必要性が強調されていた。「我国にも人体計測研究所といったものを設立し、且つ計測器を各学校に準備し、広く日本人の身体の計測的及び観測的調査をおこない、国民の強弱を研究する」重要性が認識されていた。この点から明らかなのは、人類学的研究を背後から支えていたのは「国民の強弱」、すなわち優生学理論だということである。

坪井は当時、一八八七年に伊豆諸島で身体計測を行い、その同僚たちもまた「小児の母斑」に関心を持っていた。一八七六（明治九）年に東京医学校の外国人教授として着任したドイツ人ベルツは、日本近代医学の基礎を築いたことで知られるが、彼も日本人の身体計測を現場で実施しながら、熱心に弟子たちを育てた。

ベルツは時々、「黄色人種の小児母斑」の一部分を「蒙古斑」と呼び、「劣等な人間」と結びつけようと「意地悪な冗談」を口にしていたという。足立文太郎をはじめ日本の人類学者たちは、小児母斑は「白人にも猿類にもある」と懸命に反論した。「意地悪な冗談」にも、ベルツのようなヨーロッパからの医学者たちのアジアに対する本音が混じっていたのだろう。

そうした時代に、小金井は「アイヌの四肢骨を研究し」、「平光吾一氏がアイヌの死体五個に基づく全身の解剖を行い」、「足立文太郎氏が琉球より一頭蓋骨に関して記述し」、「鳥居龍蔵は阿波国で調査した成績を発表し」、「沖縄人の肌色について報じた」のであった。

松村瞭は学会誌でさらに続ける。

> 殊に領土の拡張につれて、各方面共、各々研究が其の範囲を広めたので、体質方面に於いても、台湾などに関する報告を見、近年は計測学の発達に伴って研究は全く一新した。……蒙古方面に関しては、明治三九年から二年余に亘る鳥居龍蔵氏及び同夫人の喀喇沁《ハラチン》滞在によって、数々諸種の報道が登載され、近くは昭和六年八月、小牧実繁・水野清一・江上波夫・駒井和愛の諸氏によって、蒙古多倫淖爾《ドローンノール》付近の新石器時代の遺跡に関する報告があり、最近昭和九年三月には、横尾安夫氏による蒙古錫林郭勒《シリーンゴル》(Shilingol)に於ける蒙古人(喀爾喀《ハルハ》 Khalkha)の身体計測および観測に基づく結果が報ぜられた。(松村瞭「東京人類学会五十年史」一九三四、三三一—三三六頁)

松村はここで台湾、蒙古で調査をおこなった鳥居龍蔵と江上波夫、それに横尾安夫らの業績を評価している。ちなみに松村の博士学位請求論文の審査をめぐる対立も一因となって、後に鳥居は東京帝国大学を離れることになる。

松村はさらに日本国内や樺太など諸地域での人体計測と「遺骸解剖」について総括しているが、同時に「人類学者を総動員して各地で一斉に調査を進める」のが最善の方法かどうかについても疑念を抱いていた。

東京大学医学部・小金井良精の「人種」論

ここで、日本の人類学の理論的な基礎を固め、多くの弟子を育てあげた人物の一人として、まず小金井良精について詳しく述べておこう。

弟子の横尾安夫によると、小金井は「越後の人、安政五年一二月一四日、越後国古志郡長岡の今朝白町に、牧野家藩士小金井儀兵衛の次男として生まれた」。明治五年一〇月に第一大学区医学校(後の東京大学医学部)に入学。ドイツに渡って解剖学を学び、帰国後は母校で教鞭を執ったエリート中のエリートである。

小金井は一九二六年に自らの調査研究の成果を理論化し、『人類学研究』という専門書にまとめた。結論から先にいえば、同書は、京都帝国大学の清野謙次らとの間で激しい論争を巻き起こしながらも、最終的には今日までずっと優勢を誇った「人種」論の著作である。

小金井良精は「日本石器時代人骨の研究概要」について述べた際に、以下のように述べている。

> 予は従来日本石器時代遺跡に二種あると云う説を採っているものである。それはアイノ(アイヌ)式遺跡と弥生式遺跡とである。而してこれに各々形体的人類学上の意義が関係していると思う。即ち甲は時代古くして日本原住民たるアイノ人種の直系祖先、又は既にこの時代に於て他に遅れて来往せる人種の血を幾分か混入せるアイノ種族のもの、乙はこの遅れて亜細亜大陸から来往せる日本民族の基本成分たるモンゴリヤ人種のものであろうと考えている。(小金井良精『人類学研究』一九二六、一頁)

「日本民族」は「単純なる人種ではなくして、種々な人種又は民族から構成せられた混合民族である」と小金井は唱えている。「人種」と「民族」をさほど厳密に区別せずに用いているのもまた、明治期の学界の特徴である。ヨーロッパから導入したレイス(人種)とネーション(民族、国民)の訳語がまだ完全に定着していなかったからであろう。血統を重視した場合には「人種」を、文化と文明に注視した際には「民族」を多用しているような印象を受ける。

「日本民族」の起源解明には、「優生学、人種改良論、人種衛生学、保険医学、社会人類学、政治人類学」など多分野にわたる理論と見解が関与しているからだ、と小金井自身が認めている。そして、「人種衛生」論や「人種改良論」には「危険千万」な要素があり、「恰《あたか》も解剖生理病理を知らない藪医者に療治を託す」ようなものだ、との警戒感をも同時に示している。

実際、その後の第二次世界大戦期に、京都帝国大学医学部で人類学者でもあった清野謙次の指導を受けた石井四郎が「七三一部隊」の指揮官として、満洲のハルビン郊外で人体実験を実施する戦争犯罪に手を染めるようになったのは、周知の事実である。清野の研究室からは数多くの要員が七三一部隊に派遣されていたという。

多民族・多「人種」からなる日本民族ではあるが、最も密接な関係にあるのは、「アイノ人種」だと小金井は主張した。先に触れたように、彼は一八八八年夏に坪井正五郎と北海道を訪れ、「アイノ人種」について調査をおこなった。具体的には骨の収集と生体計測である。横尾安夫によると、「蒐集した完全骨格は八十九体、其他に頭蓋丈が七十七個、合計百六十六であり、生態の計測は、男子九十五人、女子七十一人」であった。その足跡は網走、国後まで及んだ。「之等は皆大学に保管され、若い人達が更に引継いて材料を集める機会を待っているのである」。

苫小牧駒沢大学の植木哲也の最近の研究によると、小金井らは小樽と十勝の大津でアイヌの墓を発掘し、遺骨を持ち出した。小金井はまた、アイヌの人々の身体計測も積極的に進めたが、医学会で絶大な人気を誇りながらも、本人はやはり「アイヌの眼を気にしていた」という(『新版学問の暴力』二〇一七、四六―五八頁)。

アイヌの人骨解析から導き出された日本人「混合民族説」

「アイノ式遺跡所出の石器時代人骨」を解剖学的に解析した結果と結び付けて、小金井は独自の見解を打ち出した。こうした見方に対し、その後、京都帝国大学の清野謙次らは猛烈な否定論を繰り広げていくのである。

一九〇五年三月一二日に東京学士会院で披露された講演会で、小金井は自らの「人種」論を次のように説明した。

> 白人と黒人との違い、又はモンゴリア人とオーストラリア人との違いと云うものはほとんど勘定にならぬ。是等の人類は何れも他の動物に決して無い所の特性を有して居る。直立歩行、手の自由なる発達、脳及び頭蓋の大なる発育と云うようなことは、最高等の猿にもないところの人類の特性であります。この人類をホーモ・ザピエンス(Homo Sapiens)と称して、その中に今申したような色々の違いがあるのは、たゞ〝変形ヴァリエラート〟と見做して居ります。是を通常人種と申します。(小金井良精『人類学研究』一九二六、二三〇頁)

小金井の見解は明らかにヨーロッパの人種論――白人が最も優秀で、有色人種の「蒙古人種《モンゴリア》」

はその次で、そしてオーストラリア原住民のアボリジニは最も進化が遅れた「人種」だとの観点――に批判的である(写真2-6)。

小金井がアイヌの人骨を収集した調査手法を評価することはできないが、「人種」論の本家ドイツに留学し、職場の東京帝国大学医学部に雇われていたベルツなどが日本人に「蒙古斑」があると話し、あからさまに見下されていた研究環境の中で、本人も忸怩たる思いを抱いていたのではないか。こうした歪んだ心理からか、日本の一部の「人種」学者たちはヨーロッパの学者に小馬鹿にされながら、アイヌや沖縄人、その後は台湾や満蒙の住民に尊大な態度を

写真2-6　地球上のあらゆる「人種」を描いたヨーロッパの人類学者のスケッチ内のオーストラリアの先住民とニュージーランドの先住民. *Indigenous Races of Earth* より.

取るようになる。

右で示した小金井の見解について、弟子の横尾安夫は一九四二年に以下のように解説する。「小金井良精の講演は、日本民族が混合民族であり、その構成人種はアイノ、満洲、朝鮮を経由した蒙古系人種、海洋をわたってきた南方の主として馬来《マレー》系人種であろうという事になる」。

今日、古人骨DNA分析に即した研究を牽引してきた篠田謙一は以下のように述べている。形質人類学の研究の結果、縄文時代の人骨と弥生時代の人骨のあいだに明確な違いが認められる。日本列島には形質の異なる集団が存在していた。その集団とは、北海道のアイヌと琉球列島集団、そして本土日本人、という三つである。渡来系とされる弥生人のゲノムを解析した結果から、弥生人も朝鮮半島の古代集団も、今日の内モンゴル自治区東部の西遼河の新石器時代雑穀農民との遺伝的連続性がある、と指摘されている。今から六〇〇〇年前からの移住のドラマである（篠田謙一『人類の起源』二〇二二、一九五―一九六、二一六―二一七頁）。

小金井の仮説は、現代の遺伝学によって立証されたことになるのではないだろうか。

京都帝国大学医学部による人骨と手掌理紋研究

小金井良精と坪井正五郎の弟子たちが積極的に全国の遺跡から出土した古人骨を分析し、アイヌの人体を計測していたのに負けじと、京都帝国大学医学部関係者も大挙して動き出した。主流の東京の他に京都での事例を紹介することで、当時の日本全国の人類学研究の趨勢を示しておきたい。

まず、現代日本人の人骨に関する研究の成果を上げた一人として、喜々津恭胤《ききつやすたね》を挙げよう。京都帝国大学医学部病理学教室に所属した彼は、一九三〇年に『人類学雑誌』に載せた論文で次のように書いている。「余は当大学解剖学教室所蔵の現代日本人全身骨骼中より年齢二十歳以上六十一歳以下の男性二十八例女性二十九例合計五十七例を撰び、是等胸骨に就て計測し統計学的観察を遂げたり」。そこから得られた結論は、ヨーロッパ人と比べると、次の通りである。「胸骨各長径、各幅径は何れも日本人小なり。長幅、幅厚、柄長体長の各示数にて顕著なる差違なし」。

人骨だけでなく、手掌理紋《てしょうりもん》の研究もおこなわれた。京都帝国医学部解剖学教室の忽那将愛《くつなまさちか》が一九三一年に『人類学雑誌』に「日本人手掌理紋の研究」成果を披露した。

該手掌並に足蹠《そくせき》理紋が人種人類学的に興味あることをWilder(1904)により提唱せられて以来、此の研究業績は多くの人種に就いてなされた。……既に体質人類学的に日本人身長、頭型、血液型並に諸問の地方的分布の状態は多くの学者の努力により明かとなり、日本民族を構成する分子が一元的のものでなく多元的のものであることが立証されている。(忽那将愛「日本人手掌理紋の研究」一九三一、一—二頁)

「日本民族は多元的」であるが、手掌理紋が家族的関係と関係があるか否か、また地域的特徴があるかどうかについても調べる必要がある、と忽那は認識していた。その上で、「日本民族が他人種の間に如何なる状態に置かれてあるかを該方面から討究」しようとしている。当時すでに手掌理紋の一つである指紋が個人の識別に利用されていたが、年齢の変化に伴い、手掌理紋が変わるかどうかが論争になった。忽那は男女四〇〇個の手掌印影像を分析した結果、理紋に年齢的差異は認められないと結論づけている。

個人的な経験だが、実は私の指紋も日本の行政機関に登録されていたことがある。以前、日本には外国人登録法に基づく指紋押捺制度があった。日本に一年以上在留する一六歳以上の外国人は、居住地の市区町村長に外国人登録証明書の交布申請をする際に、外国人登録証に左人差し指の指紋を押さなければならなかったのだ。私が日本に帰化した二〇〇〇年三月に同法は廃止されたので、私は市役所に自分の指紋を返すよう求めたが、「こちらで廃棄する」といわれた。

外国人指紋押捺制度を科学的見地から支えてきたのは、人類学者たちの関わった手掌理紋研究ではないだろうか。個人の身体的情報が国家によって管理される実例の一つである。今日では、世界中の国々が移動する人々の指紋を採取している。いつ、どう使われるかの不安が残る。

清野らの無節操な樺太アイヌ人骨収集

京都帝国大学医学部解剖学教室の若き研究者たちは、日本人だけでなく、アイヌに関する人類学的研究にも着手した。指導者の清野謙次は後輩たちを激励し、手厚く応援した。一九二七年一一月に平井隆が『人類学雑誌』に「樺太アイヌ人々骨の人類学的研究」を掲載した際に、清野はわざわざ推薦文をしたためて巻頭に載せている。

平井隆君が余の蒐集人骨の研究に京都帝国大学医学部専修科生として従事せられて以来二年余の歳月が流れた。……此等人骨は余が去る大正十三年夏樺太島東海岸なる魯礼《ろれい》の廃部落に於ける樺太アイヌ人墓地から渡邊医学博士・田上医学士と共に困苦を犯して発掘し来ったものである。

発掘の中途から渡邊君が病気に罹って臥床するに至られたのを見ても如何に発掘が困難であったか想像し得られると信ずる。……

然し木棺腐朽の状態と副葬品から論ずると平井君の使用した樺太アイヌ人骨は全部金属時代のアイヌ人骨であって古くとも百年以後新しきは数年前に葬られたものである。そして魯礼と云う一小部落内で葬られて居る点に於て純粋度を測定するに絶好資料である。（清野謙次「平井隆君著「樺太アイヌ人々頭蓋骨の研究」出版に就て」一九二七）

アイヌがいつ「金属時代」に入ったかの基準も不明確だが、「金属時代のアイヌ人骨」とは、埋葬からさほど時間が経っていない事実を物語っている。

清野の人骨収集方法については今日、先述の通り植木哲也らによって厳しく批判されている。それは現地の和人の無節操な協力とアイヌへの無配慮、そして何でもかんでもとにかく集めるという荒技であった（植木哲也『新版 学問の暴力』二〇一七）。

清野は弟子の平井隆の結論を次のように強調している。

「魯礼アイヌ人は非常に純粋な人種だと云う外は無い。此事実は日本石器時代人民アイヌ説に決して有利なもので無いと思う」。清野はこうした成果を駆使して、小金井らのアイヌ人こそ日本列島の「石器時代人＝先住民」説に反撥した。

平井は、「我小金井良精博士の北海道アイヌ人（蝦夷アイヌ人）頭蓋骨に関する業績は特に精彩を放ちたり」と評価した上で、自身のデータと比較している。彼は「該人骨は樺太栄浜郡栄浜村魯礼の出土にして、合計五二内二三男性・二〇女性・九小児骨なり」を分析対象としている。彼が導き出した結論は以下の通りである。
一、樺太アイヌ人頭蓋は狭長にして低く且容積大なり。
二、日本人頭蓋は彼れに比し容積大にして重く且短広なり。
平井も当然、「日本先住民はアイヌ人」説を提唱する小金井や鳥居らが自分の恩師の清野と論陣を張っているのを知っている。そこで、平井も自身の成果を岡山県の津雲貝塚人やその他のアイヌ人骨研究と比較し、次のように結論を出している。
樺太アイヌは畿内日本人、津雲貝塚人及び北海道アイヌのどちらとも類似性は乏しく、「人種の混種の程度は甚だ希薄なり」としている。こうしたデータと結論は当然、清野を側面から援護することとなった。

アイヌ先住民説を否定する

樺太鲁礼からの人骨に関する研究は細部に及び、清野派と小金井・鳥居派との論争も続く。一九三〇年一〇月から翌年三月にかけて、清野の弟子、関政則は『人類学雑誌』に立て続けに四本の論文を公刊した。上肢骨から下肢骨に関する詳しい観察がなされ、常に日本人人骨との比較が進められた。関はまず以下のように当時の研究背景について述べている。

人類学上興味ある人種として論究せられつゝあるアイヌ族は、北海道・千島・樺太の一部に居住する人口僅に一万八千に過ぎざる小民族なり。彼等は何時那辺より来りし人種か、白人種か、蒙古人種か、何れの人種に隷属するや、日本石器時代人は果してアイヌ人なりしや否や、将《は》た又、彼等の祖先と吾人大和民族の祖先と果して血族的交渉ありしや否や、之洵《まこと》に興趣ある一大テーマにして、今や世界の人類学者中には此迷宮開扉の鍵《キー》を把握し、彼等アイヌ民族の根源を闡明氷解せんと只管《ひたすら》研鑽努力しつゝあるもの決して尠《すく》なしとせず。（関政則「樺太アイヌ人々骨の人類学的研究　第二部　上肢骨の研究」一九三〇、七四四頁）

写真 2-7　ヨーロッパの人類学者のスケッチ内のアイヌ人とモンゴル人(Kalmuck). *Indigenous Races of Earth* より.

関は続いて恩師の清野と小金井・鳥居両博士との「日本石器時代人住民はアイヌか否か」論争に敬意を払い、さらに厳密な統計学的研究が必要だと力説している。「日本先住民族は断じてアイヌ人に非らずと立論せられたるは実に吾人の敬服措く能わざる所なり」とした上で、彼は血液型と指紋の特徴から見れば、アイヌはむしろ「白人種、即ち高加索系《コーカソイド》の人種に一致」することに感心を寄せている。彼は次のように続ける（写真2－7）。

余は幸にも恩師清野教授の愛憎にかゝる珍重なる樺太アイヌ人骨の資料を仰ぎ、爾来象牙の塔に入りてより幾星霜、具《つぶ》さに夫れが四肢骨に就きて精細なる研索を累ね、聊《いささ》か結果の見るべきものを招来せり。仍《よ》って之を発表し敢えて先輩諸家の垂教を仰がんとす。蓋《けだ》しアイヌの如き文化の恩恵を蒙る事薄き哀れなる弱小民族は優勝劣敗、適者生存の説理に漏れず、幾多歳月の流転に伴いて漸次純粋なるべき人種的特徴の消失するは実に世界民族史上の顕著なる事実にして、吾人は此滅び行くアイヌ民族の過去を顧み、将来を思う時一入《ひとしお》哀愁を覚ゆると共に、現代容易に得らる可き此材料も後世再び経験し能わざる研究資料たるべきや今より予測するに難からず。（同、七四五頁）

樺太アイヌの上肢骨を現代日本人と比較すると、「肩甲骨は日本人よりも稍《やや》長狭で、現代支那人よりも短狭」だという。一方、下肢骨の場合だと、「樺太アイヌ人の大腿骨は現代日本人よりも、男性は稍短く女性は反《そり》之長大なり」となる。こうして、彼は小金井と鳥居の「日本列島先住民はアイヌ人説」よりも、清野の否定論に有利な結論を出そうとしている。

琉球人の人骨研究から生まれる日琉同祖論

北海道、樺太のみならず、人類学調査は南方でも展開されていく。

実は日本最初の文化人類学専攻の研究室が設置されたのは、本土ではなく、台湾であった。一九二八年に台北帝国大学に設置された人類学研究室の誕生により、研究はさらに緻密化していった。当時、医学部に在籍した金関丈夫は『民俗台湾』という雑誌を一九四一年から終戦まで刊行し、多くの弟子たちを育成した、と中生勝美の『近代日本の人類学史』(二〇一六)は伝えている。金関の調査は台湾だけでなく、沖縄諸島や中国南部の海南島にまで及んでいた。彼が京都帝国大学解剖学教室に在籍していた一九三〇年八月、『人類学雑誌』に「琉球人の人類学的研究」という論文を掲載した。

金関はまず次のように「琉球人」について定義している。

初めに断って置きたいのは、本研究の題目に「琉球人」と云う名称を使用した点である。之れは固《もと》より所謂「日本人」「大和民族」等に対して、琉球人と云う一種の民族或は人種が存在すると云う事実乃至は仮定を表したものではない。否斯かる特殊の人種が存在するか否かを知り度いと云う必要が吾人を此の研究に向わしめた主なる動機の一であって、其の存在が当初より疑問であるからこそ、本研究が存在するのである。故に琉球人と称するよりも「沖縄県人」等の呼称を用いる方がより穏当と思われるし、現にある種の必要から、後者の如き用例を奨められた事もあったが、吾人が本研究で取扱わんとするのは、実は独り沖縄県下の住民のみならず、時によっては奄美大島の如き、今日鹿児島県の管轄下にある地方の人々をも同時に包容するのである。……而して、之れらの地方を総称するの便宜上、他に適当にして簡約なる呼称がないので、「琉球」たる文字を用いたに過ぎない。「琉球人」とは事実上乃至は仮定上の一の特殊人種を意味するものでなくして、古来所謂「琉球」なる地方に在住する人々を指すのである。(金関丈夫「琉球人の人類学的研究」一九三〇、五一三頁)

金関は「人種」としての「琉球人」が存在するという前提ではなく、「琉球地方」に住む人々を「琉球人」と呼んでいる。「人種」としては当然成立しないものの、明らかに大和人とは身体的にも文化的にも異なる特徴を有することに気づいていた金関は、このように独特の説明をした。金関はまた、琉球人に関する体質的人類学（形質人類学）の推進は、その「人種学的所属」を知る上で不可欠だという。特に「周囲民族の日本人の由来、成立を知る上に重要な手掛りとなり得べき研究である」と、自身の成果を位置づけている。日本人の由来と成立を探るとなると、琉球人は「日本人の祖先」か「同種兄弟」かのいずれかに帰着する。いわゆる「日琉同祖論」がここで成立したことになる。

国家権力に奪われた遺体

金関はまず鳥居龍蔵ら先駆者による琉球人に関する生態調査を総括し、「生体に就いての観測である骨骼研究に至っては特に甚しく不振の状態にあり」とした。そこで、彼は、一九二七年に帝国学士院の足立博士らと共に国費の研究助成金を得て、「現代人骨骼蒐集」を進めた。そして「骨骼蒐集」の傍ら、手掌理紋と頭髪に関する情報も集めた。「予の琉球に於いて蒐集した材料は、主として男性は沖縄県立第一中学校、女性は同県立女子師範学校の孰《いず》れも上級生」のものであった。

人種という言葉の使い方に慎重な姿勢を見せながらも、金関は「人種学的見地」から「琉球人の位置づけ」を試みる。彼は次のように述べている。

其の結果の大要を掲げると、琉球人は手掌部理紋の点に於いては、一般に黒人、モンゴーレン〔蒙古人〕系人種群と、アイノ白人系人種群との中間に位し、諸種の点に於いて前群に属する諸人種中にては原始性に乏しき観があって、後群中比較的原始的なるアイノ人に近い。（同、六六〇頁）

写真2－8　沖縄県の屋状石棺．2017年1月撮影．

沖縄県出身の松島泰勝によると、金関は「（大和に）同化した沖縄人」に案内させ、県政府の支持を得て調査していたという。旅行中に屋状石棺を開け、行路病死者の死体を発掘したりして遺体を集めた。それらの人骨は現在もほとんどが京都大学に保管され、現地への返還は進んでいない。返還を阻害している最大の要因は「日琉同祖論」であるという（松島泰勝『琉球 奪われた骨』二〇一八）。遺骨の返還をめぐる裁判が今も続いているのは、本書の冒頭で述べた通りである。

私も近年、複数回にわたって沖縄本島と八重山諸島を調査旅行した。現在でも島内の村落には屋状石棺のある墓地が点在し（写真2－8）、祭祀も実に盛んである。家族が亡くなって数年後には遺族たちがその骨を洗って再埋葬する洗骨の儀礼があり、死者と生者との距離は近く、一種の共生関係にあるように見える。そうした遺体を官憲の力を借りて勝手に墓から持ち去る行為は、やはり国家権力の暴走だとしか言いようがない。沖縄の民族文化からすれば、持ち去られた人骨は祭祀を享受できていないので、家族も苦しんでいると考えられている。墓と祖先を大事にする日本社会でこのようなことが起こっていたという事実は私には理解しがたいものがある。

優生学思想との連動

清野謙次、金関丈夫をはじめ、当時の人類学者の多くが優生学の思想に立脚していた。国際的な学会においても、「体質人類学技法標定」の作成が求められていた。一九三四年七月から八月にかけて、第一回国際人類学民族学会議が催され、体質人類学者と優生学者が協力し、解剖学的見地から諸人種の区別と比較研究を推進する際の国際的評定に関する声明を出した。『人類学雑誌』は一九三四年の第四九巻第九号でその内容を紹介している。この声明の中で、体質人類学者は以下のような「資料」を扱うとしている。

一、生体資料

a：頭部及び軀幹部計測　b：記載的性質（総比の色調その他）　c：生理的計測（血液型その他）

d：写真（静止及び活動）及び他の表現法

二、死体資料

a：骨骼の諸部分。計測、写真及び他の表現法——性別、年齢的変化（成人に於ける）、質的性質及び人種的意義を有すると思考される異常状態の観測　b：軟部

三、生体、死体、骨骼に関する観察の相互関係

「質的性質及び人種的意義を有すると思考される異常状態の観測」が求められている点から、明らかに優生学の思想が人類学の観点を圧倒しているのが特徴的である。たとえば、「人種的異常状態」とは、いわゆる人種学が成立して以来、ダウン症やその他の精神疾患が特定の「人種」、それも劣等人種とされる「黄色人種＝蒙古人種」と結び付けられていたことを指している。当時、ダウン症にかかった患者は「我々ヨーロッパ人の中の他者」とされていたのである。実際、ヨーロッパ人の一部にも「蒙古斑」は見られ、それも「他者」としてのモンゴル人種の「悪しき遺伝」とされていた（写真2－9）。

写真2－9　ヨーロッパの人種学者が言うところの「我々の中の他者なるモンゴル人」．左はロンドンのダウン症の女学生で，右はカルムイク・モンゴル人女性．Crookshank, F. G. *The Mongol in our Midst* より．

さかんに翻訳された人種論
ピッタール『アジアの人種と歴史』

「日本人には蒙古斑がある」とヨーロッパの「人種」学者たちに見下されながらも、日本の人類学者たちは、一九四五年の第二次世界大戦終戦までの期間に、積極的にヨーロッパの「人種」論の著作を翻

訳し、紹介していった。こうした「人種」学の著作はまさに汗牛充棟の様相を呈しているが、ここではそのうちの一つ、ジュネーブ大学の著名な人類学者E・ピッタールの『アジアの人種と歴史』(一九四二)の内容を見てみよう。

訳者と出版社は、翻訳出版の意義について、「戦争の旗幟として高く掲げた大東亜共栄圏内の凡ての人種について、その歴史との相関関係を直接研究の対象としているところに特に注目すべき時局的意義がある」と記している。

ピッタールは「アジアの人種」にはヨーロッパに近いオスマンリー・トルコ人とフェニキア人をはじめ、ユダヤ人とアラビア人、イラン人と蒙古人(蒙古タタール人)、インド人とシナ人、そして日本人を含む、としている。

中央アジアの「シル河とアム河に沿ってアラル海とカスピ海の草原地帯に進めば、遊牧民のキルギス人がいる。此等のキルギス人の中に微《かす》かながらも、人類の「移動」が行われた次第を覗うことが出来る」と、ピッタールは書き出す。そして、「黄色人種の代表格とされる蒙古人」は、西方ヨーロッパにいるカルムーク人(カルムイクとも。前掲写真2-7、2-9右参照)と東方のハルハ人とチャハル人(原文はカルカ人、ツァカール人)、ブリヤート人からなる。

カルムーク人の形態学的特徴は、ヨーロッパで一般に美的とされているようなものはない。……カルムーク人の身体は、蒙古型の凡ゆる醜さを示している。吊り上がった細い眼、獅子鼻、突き出た顴骨《かんこつ》、まばらな眉毛と髭、日焼した皮膚、之に加えるに、厚い唇、大きな耳と広い頭、黒い毛髪。彼等は歩行を覚えるや否や直ちに馬に跨り、闘いと乗馬の練習に熱中する。(ピッター

ル『アジアの人種と歴史』一九四一、一一三―一一四頁)

このように、ピッタールも他の「人種」学者と同じく人種を美醜と結び付けている。彼がいう「美的な人種」はヨーロッパの白人であり、「醜い」のは「蒙古型」である。彼はまた一九世紀の他の旅行者の記述を援用し、身体的な特徴よりも、価値観や好き嫌いといった感情論を熱心に展開している。

残された「人種混淆の問題」

一方的な美醜論と感情論を示した上で、ピッタールは自身のデータを付け加えている。彼曰く、カルムーク人は亜短頭型で、頭型指数は八四、八五〜八二である。頭型指数に差異が生じたのは、近隣の諸民族、それもトルコ系のタタール等との混血した結果だとしている。

ピッタールは「ヨーロッパ人の心胆を寒からしめた蒙古人の諸々の侵入は、決して人種的に純粋な集団によって遂行せられたのではないと云うことだ」という見解を示す。チンギス・ハーンに率いられたモンゴル人と称する集団は、「人種的」には迅速に変化していった。その中枢に「純粋なモンゴル人」が常にいたとしても、タタール人との混血で「類蒙古人」が形成されていったと、彼は解釈している。

ピッタールはいう。

タタール人の眼は通常茶色である。しかし、明色(灰色及び碧色)の虹彩は、約二〇パーセントの比率である。そして、吾々が幾度となく触れて来た問題が此処にある。毛髪は常に明色の色素をもっている。……タタール人は一般に直鼻である。鼻は類蒙古人的特徴を極めて微かに現しているに過ぎぬ（辛うじて一五パーセント）。タタール人の鼻は、蒙古人の記念たる特徴を留めていない。かくて得られるべき結論は、タタール人は主として、トルコ「人種」に属する人間であると云うことだ。彼等の陣列中には、一定数の蒙古人――否、累々記録されて来たような鼻、顴骨及び眼をもった蒙古人さえもいることは慥《たし》かである。（同、一三二頁）

ここでもやはり眼と顴骨に注目して、モンゴル人やタタール人とヨーロッパ人との「人種」的違いを強調している。

さらに彼は、人種には平和的なものと冒険的なもの、より好戦的なものがある、と述べている。古代から現代まで続いたフン族とモンゴルの侵入、スラブ族とゲルマン人の侵入は環境的要素だけで説明できるものではなく、「人種的決定論」も排除すべきではない、と主張する。

このように、ピッタールはアジアの「人種」分類とそれぞれの特徴について歴史と結び付けて論じたが、そこには多くの未解決の課題が残されていた。何故「ヨーロッパ人の血液が強大になった」のか。「白色人種」と「外来人種」が混淆した場合、優生学上にどんな危険が惹起されうるのか。「下級人種」に白人の血が混ざると、社会的見栄とされるが、逆の場合に如何なる身体的特徴が生じるのか――。「人種混淆の問題」は人類にとって、過去から未来にかけて、時には政治と連動する形で複雑化するだろう、とも彼は予想している。

羽田宣男『生体計測　人類学の基礎』　成熟する日本独自の人体測定方法

これまで述べてきたように、ヨーロッパから学びながら、日本の人類学者たちが独自に開発していった身体測定の方法は、東京帝国大学を中心に、京都帝国大学など各帝大に広がり、さらには台北帝国大学や京城帝国大学にも受け継がれていった。

海外から習った理論と技術を駆使して、帝国内では日本人とアイヌ人、それに琉球人に関する豊富なデータを蓄積していき、さらに領土の拡張に伴い、台湾の原住民と漢人、朝鮮半島の住民、そして満蒙と称されていた地域のモンゴル人も計測の対象となったのである。

写真2－10　人類学用計測器械.『人類学雑誌』第49巻第5号裏表紙より.

計測すべき諸「人種」の範囲が広がるのにつれて、計測方法の体系化と理論化、ひいては計測の道具も統一される方向へと進んだ。たとえば、早くも一九三四年の『人類学雑誌』には「人類学用計測器械」の広告が掲載されている。ヨーロッパとアメリカで発明された計測器械は日本に入ると、さらに改良された。多くの人類学者たちはこのような計測機(写真2－10)を持参して現場に向かい、さまざまな「人種」を「材料」として、いろいろな方法を工夫して計測をおこなったのである。

こうした歴史を反映するように、一九四四年に一冊の教科書が上梓された。『生体計測　人類学の基礎』という方法論の著作で、著者は羽田宣男である。彼は日本歯科医学専門学校を卒業後、一九三四年、つまり満洲帝国が成立した年に南満洲鉄道株式会社に入り、後にハルビン医院の院長に任命される。エリートコースを歩んでいる間も満洲医科大学解剖学教室で人類学の研究にも熱心に加わっていた。

羽田は執筆の動機について、巻頭の自序で以下のように明言している。

日本人とはどんな民族か、と云うことは殊に大東亜戦争勃発以来世界の関心事となっているのであるが、その日本人を果たして日本人自体がどの程度に理解しているだろうか。或いは欧米風に歪められて東亜諸民族の混血民族だと思っている者はいないだろうか。殊に東南太平洋に日本人の故地があると思っている者がないだろうか。

日本人が東亜諸民族の指導者として之等を率いて行く為には日本人は先ず吾々の祖先から知らなければならない。

そして日本人が日本島の開闢以来此処に住み、此の国土の土と共に育まれて来た旧く正しい民族であると云う厳然たる事実を強く意識し、此の自覚を以て民族の誇りとなし南に北に東亜の建設へ向かって邁進しなければならないのである。（羽田宣男『生体計測　人類学の基礎』一九四四、三頁）

「欧米人によって歪められてきた体質的研究を日本人の手で学術的に体系化する目的」で、生体計測用の人類学の教科書は編纂された、と彼は主張している。また、日本人は混血民族ではなく、「旧くから日本島に住む正しい民族」だとし、前に述べた小金井、鳥居らの提唱したアイヌ先住民説を正面から否定した。また、古代東南アジアとの人的交流にも否定的な見方をしている。

大東亜の盟主たる日本民族の生成から人類学を始めてゆかなければならない

冒頭で羽田は、人類学について次のように批判している。

「人類学は欧州人によって発達して来た学問であって、総ての観察が常に彼等欧州人を中心として考えられている、欧州人を最優秀なる人種であるとの前提のもとにあらゆる研究が積まれているのである」。肌の色で「人種」を分類するやり方は諸民族に及ぼす政治的影響は大きく、許しがたい、と厳しく指摘する。肌の色で「人種」を分けることについて、「東大解剖の横尾助教授は欧州人の白色皮膚を色素欠乏症だと称している」ことの方が正しい、と反論している。

羽田と後述する横尾安夫の色素欠乏症に関する論考は、当時としては先端を行く進歩的な学説であった。当然、自身を「最優秀人種」と考える「欧州人類学者」には受け入れられなかったが、現代の分子人類学の学説として一定の支持を得ている。

さらに、自分の研究目的を次のように宣言している。

……明治初年に誕生した吾国の人類学から少なくとも欧米色を清算して、正しく消化された厳正学問としての人類学を再出発させなければならないのである。

それは欧米便乗の態度を先ず改めなければならない、そしていやしくも大東亜の盟主たる日本

民族の生成と云うことから人類学を初めてゆかなければならないのである。(同、四―五頁)

このように欧米の「最優秀人種」論に反論しながら、羽田もまた「日本民族は東亜の盟主」との思想を抱いていた。日本の人類学者の多くは、ヨーロッパの学者たちの人種主義的学説に反論しながらも、アジアの諸民族に対しては尊大な態度を取るのが常であった。そして、羽田は清野謙次の学説に賛同し、「日本人は断じてアイヌの母地を占領して住居したものではない」と述べている。

また羽田は「日本人の故郷は日本に人類が住居して以来日本国である」と唱えながらも、「渡来人種」の存在を否定しない。日本人の体質には「濠洲型」と「蒙古型」、それに「ツングース型」も含まれるが、既に「遠い過去に日本人」に消化されたという。

蓋し此のことは日本建国以来の前半たる約一千五百年余年間に於ては歴史的に見ても外来人種に対する種族開放期であって、此の頃に日本の西南部に於ては特に支那人、朝鮮人、九州南部及琉球地方に於ては南太平洋諸島人との混血が強烈に行われたものと見られ、之れは現代日本人体質上の生体計測によって得た成績から見て他民族との混血が行われなかったと見られる北陸道人が比較的日本石器時代人の体質に類似し、畿内人が北支那人と類似度が強く、九州北部及び山陰道日本人が南鮮人に類似点を持っていたりすることはその説明の参考となるものと思う。(同、六―七頁)

羽田は「日本人の故地が東南太平洋」だとする説には賛成しないものの、日本人と「南太平洋諸島人との混血が強烈に行われた」側面には肯定的である。自身の観点を明示してから、羽田は

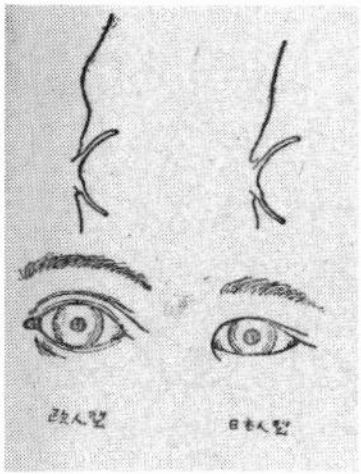

d

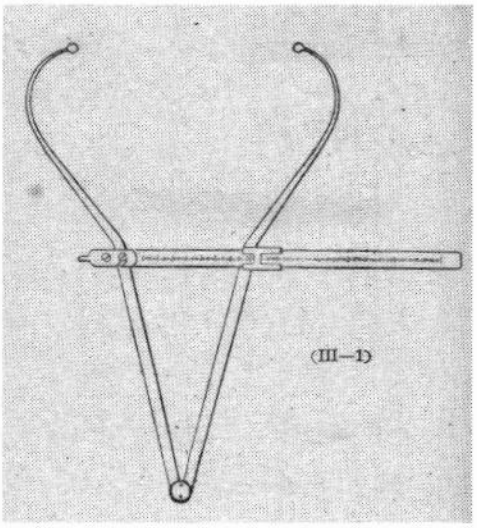

a

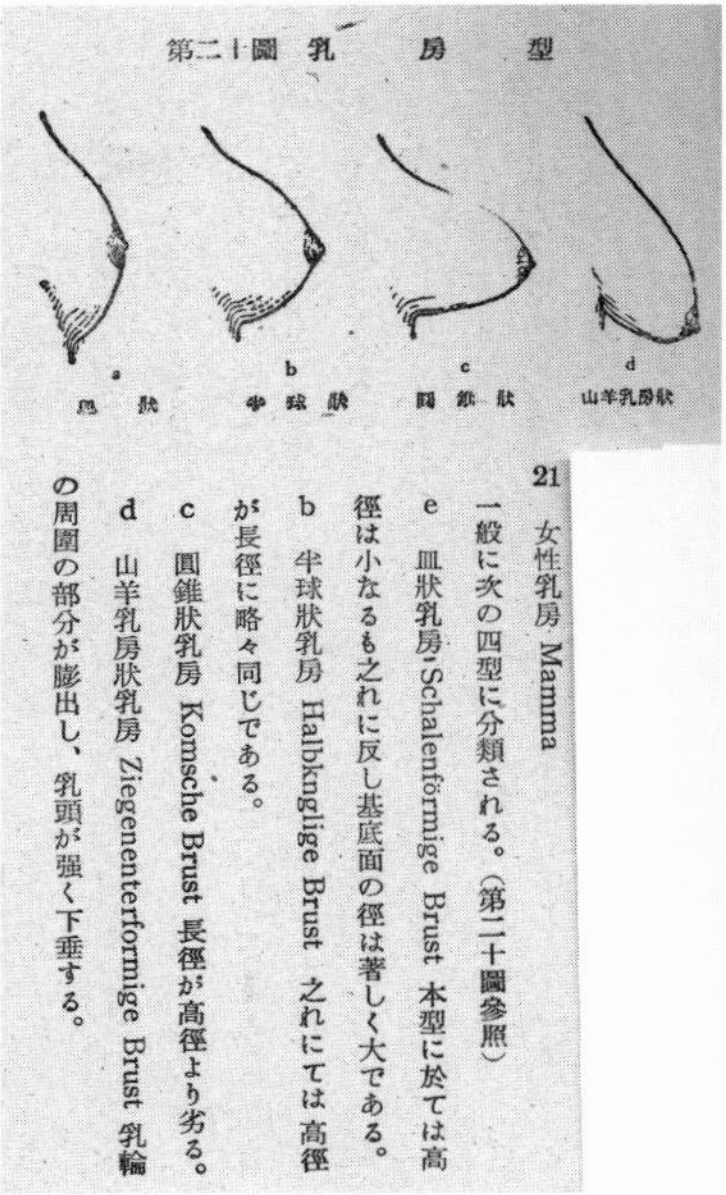

21 女性乳房 Mamma
一般に次の四型に分類される。（第二十圖参照）
e 皿狀乳房 Schalenförmige Brust 本型に於ては高徑は小なるも之れに反し基底面の徑は著しく大である。
b 半球狀乳房 Halbkuglige Brust 之れにては高徑が長徑に略々同じである。
c 圓錐狀乳房 Komsche Brust 長徑が高徑より劣る。
d 山羊乳房狀乳房 Ziegenenterformige Brust 乳輪の周圍の部分が膨出し、乳頭が強く下垂する。

e

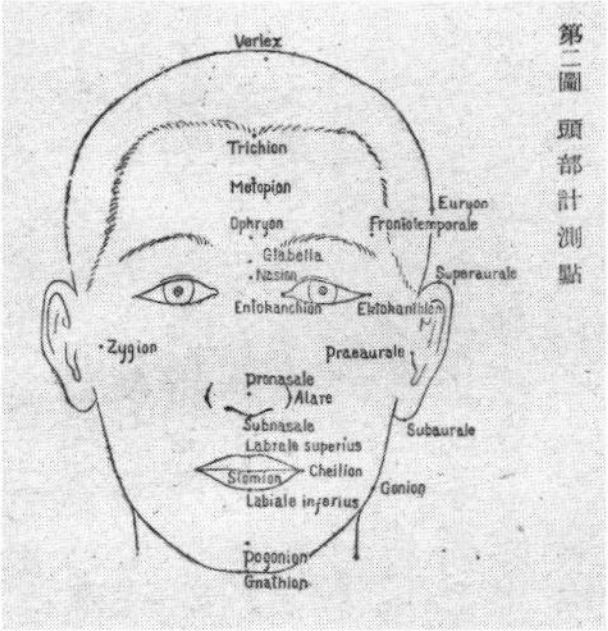

b

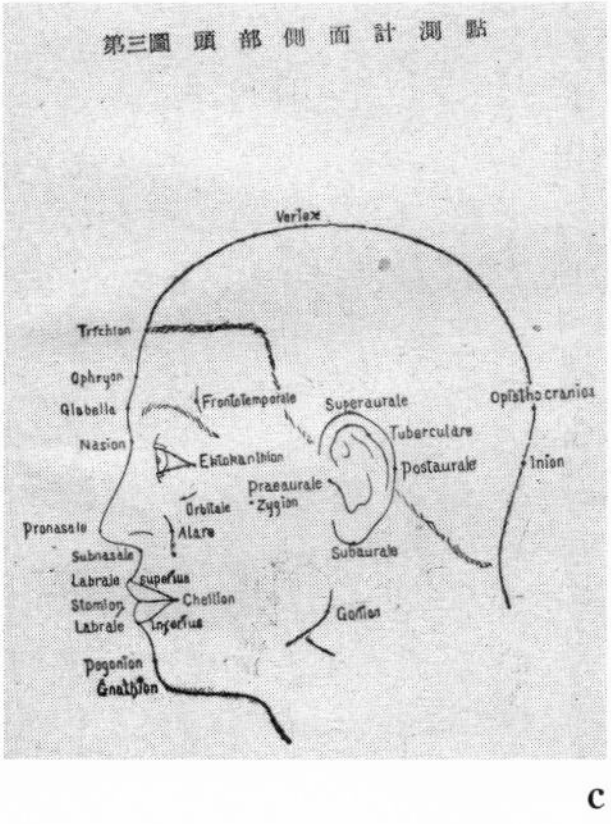

c

写真 2-11 a 羽田宣男の『生体計測 人類学の基礎』内にある生体計測器具．奇しくも前掲写真 2-10 の『人類学雑誌』の広告と同じであり，当時は広く用いられていたと分かる．**b** 同，頭部計測点の図．**c** 同，頭部側面計測点の図．**d** 同，瞼の形式，という図．**e** 同，乳房型の図．

生体計測の意義と方法について詳しく伝授している。彼の教科書は、具体的な観測方法と計測方法、計測値と観察値に関する分析で構成されている(写真2－11)。

「隣接諸民族の類縁関係」解明を求めて植民地へ

自序にあるように、羽田をはじめ人類学者の関心事は徹頭徹尾「日本人とはどんな民族か」であり、日本人の体質生成を知ることであった。そのために生体計測の意義はきわめて大きいとして、羽田はこう述べている。「生体計測の目的は人種又は種族の比較にある。その人種の計測値と他人種の計測値との間にどれだけの差があるかを知り、此れによってその人種の進化傾向を推察するの資を求むるにある」。羽田はさらに続ける。

かくて吾々は今や建国の大精神たる八紘一宇を目標として大東亜戦争を戦いつつ大東亜共栄圏の確立に邁進していることは日本が東亜の盟主たるべき当然の帰趨であって、思いをそこに致す時、日本人の体質生成をなした之等隣接諸民族の類縁関係を探究することは将来の共栄圏経営の上からも然も焦眉の急としてなされなければならない命題であって、今後の特に生体計測人類学の研究基礎は当然そこに置かれるべきであろう。(同、七頁)

羽田は満洲国のハルビンで多くの生体計測を進めてきた実績があることから、「隣接諸民族の類縁関係」の重要性について訴えている。彼からすれば、日本は平安時代から「種族閉鎖期」に入っているという。それでも、前半の「種族開放期」で発生した他民族との混血を後半期で完成したので、「日本人の体質は決して堕落しなかった」。「日本人体質と云うものは三千年に亘る永い国家的歴史がその固有の民族性を培ったのである」と、体質と民族性を結び付けて結論づけている。

次章では、羽田ら人類学者がいうところの「隣接諸民族」の一つ、モンゴル人と満洲人などに関する人骨収集と生体計測の実態を見てみよう。

第3章

台湾、モンゴルからシベリアへ

——鳥居龍蔵の視線

清朝時代のモンゴル人シャーマンの衣装．子安貝をふんだんに使っているのが特徴的である．子安貝は沖縄近海やインド洋の島嶼部で採れるが，古代にモンゴル高原に伝わり，呪術信仰に使われてきた．著者の故郷オルドス沙漠からも出土する．『チンギス・ハーンとモンゴルの至宝展』(2010) より．

「満蒙」と呼ばれていた満洲と南モンゴルの三分の一ほどの地域は、台湾と朝鮮半島に次ぐ日本の植民地だった。植民地における調査研究の権利を独占していたのは、他でもない日本人学者たちである。ヨーロッパの人類学がその植民地たるアフリカや中近東での調査に立脚しているのと同じように、大勢の考古学者と人類学者たちは自由に、あるいは官憲と軍隊の保護の下でモンゴル草原に足を踏み入れ、豊富な情報を入手して研究に活用した。換言すれば、満蒙のような植民地がなければ、近代日本の学問的発展、学術の成熟もなかったのである。以下、本章では考古学者であり人類学者だった鳥居龍蔵のモンゴル経験を取り上げる。

日本の考古学が注目した「東亜の遺跡」

考古学とは、古代人の残した遺物や遺跡を調べることでその生活史を復元する学問である、と考古学者水野清一は定義している(『東亜考古学の発達』)。植民地での調査から学問上の新天地を切り開いた日本の考古学はいち早く、「東亜の遺跡」に注目した。

東亜の遺跡研究はまことにあたらしい。ほとんどみなこの世紀にはいってからのしごとである。いちばんふるいものといえども明治二十八年日清戦役のあとにはじまる。西暦にして一八九五年である。このとし、鳥居龍蔵博士は人類学、考古学調査のため、はじめて南満洲に出張した。
(水野清一『東亜考古学の発達』一九四八、六頁)

私は大阪にある民博で学んでいた頃に、恩師の松原正毅の指示で水野の著作を読んだ。松原は水野を「わが考古学の師」と呼んで尊敬していた。水野は京都帝国大学に学び、北京に留学して戦前は北部中国の大同雲崗石窟などについて調査研究し、戦後はインドとパキスタン、それにアフガニスタンに残る仏教遺跡の研究に専念した。

松原も民博の初代館長である梅棹忠夫も「かな主義者」として知られている。文章を書く際に固有名詞のほかはすべてかなにするという徹底ぶりだった。少し不思議に思ったが、引用したように、水野の著作にもまた必要最小限に漢字を使うという文章作成の特徴があるのを見て、師弟間の学問的継承性に気づいたのだった。

鳥居龍蔵という、偉大な考古学者兼人類学者の存在に私が初めて接したのは一九九三年春のことである。同年三月から五月にかけて、民博で「民族学の先覚者　鳥居龍蔵の見たアジア」という企画展がおこなわれていた時であった。鳥居は明治時代からずっとカメラによる撮影記録に熱心だったことで知られ、厖大な写真コレクションを残していた。重いガラス乾板から始まり、フィルムに至るまで、人類学・考古学的な研究だけでなく、写真史の変遷をたどる上でも貴重な人物であった。

鳥居の有名な写真コレクションは長らく東京大学理学部人類学教室で保管されていたが、その後、民博に移管された。写真コレクション内のモンゴルの写真を見て、私は深く感動を覚えたものである。

二〇一六年三月、私は鳥居の故郷、徳島県を訪ねた。徳島市にある徳島県立鳥居龍蔵記念博物館を見学し、博物館の担当者の案内でその他の収蔵品を見ることができた。

台湾での身体計測

鳥居は調査旅行の初期から考古学と人類学の双方に目を光らせていた。彼は一八九六年一〇月、翌年一〇月など、計四回にわたる台湾調査時に原住民の皮膚色調と額の色調、手掌の色調と虹彩の色調、毛髪の特徴について調べ、頭部及び顔面の計測を実施した。自らの踏査で日本以外の地からも豊富な第一次資料を手に入れた鳥居は、一九〇三年一二月一二日に東京地学協会で「人種学上より見たる亜細亜の住民に就て」と題する講演を披露した。

> 今度は話が蒙古人(Mongols)に移って参ります。この種族は又タタール(Tartars)と呼ばれまして、シナの歴史を見るとシナ人は昔からほとんどこの種族に困ったものと見えまして、秦始皇帝が万里の長城を設けたのも畢竟この種族に備えんがためでありました。又ヨーロッパの歴史を繙きましても、この種族には欧人も非常に苦しんでおります。とにかくモンゴルはアジアに於いてはごく活気ある種族で、人種学上よりいえばまず三つに分けることができる。すなわち西蒙古人(Kalmuks)、東蒙古人、ブリアート(Buriats)です。……そうして彼らの人種学的性質は、身長は一米六十三から六十四、頭の形は亜広頭でして、その指示数は八十三であります。頭毛は黒く直毛で、皮膚の色は黄色を呈して居ります。顴骨出でて鼻平たく、眼の形は彼ら特有の蒙古眼形《モンゴリアン・アイズ》を備え、眼の上縁の先端甚だしく切り込んで、眼の位置は傾斜して居ります。彼らの土俗は水草を追うて移住する游牧人で、宗教は固有のシャーマンでありますが、併し今日は喇嘛《ラマ》を信じて居

ります。（「人種学上より見たる亜細亜の住民に就て」『鳥居龍蔵全集 第七巻』一九七六、四九八頁）

ここで鳥居は明らかに「種族」や「人種」という言葉を、今日の「民族」に相当する概念として用いていることが特徴的である。

アジア全体を視野に入れはじめ、さらにヨーロッパまでのユーラシア全体の「人種」に関心を抱いていた鳥居は、一九〇五年に日本軍が樺太を占領したことに大きく鼓舞された。「吾人をして云わしめば、就中尤《なかんずく》も人種学、考古学の研究を以てこれが急務となす」と、鳥居は呼びかけている。具体的には、アイヌの人種学上の位置づけを指している。北海道から千島へ、そして樺太にかけて分布する「アイヌはアジア太古の民族の特徴を有し、其の言語、風俗又大いに見るべきなり」と、鳥居は強調している。

第1章で述べたように、当時は、東京帝国大学の小金井良精や京都帝国大学の清野謙次らがあらゆる手段を駆使してアイヌの人骨を蒐集し、生体計測を進めていた。アイヌを「アジア太古の民族」にして「日本太古民族」と認識する鳥居と、それを否定する清野との論争はこのような時代背景の下で展開されていたのである。

世界初の南満洲形質人類学研究

鳥居の精力的な調査行動を高く評価した東京帝国大学は、一九〇五年八月から一一月初旬にかけて、彼を南満洲に派遣した（写真3-1）。この地域に関する形質人類学的な研究は、当時の国際学界では皆無に近かったとされ、鳥居の調査目的はその「空白を埋めることにあった」と本人が唱えている。

鳥居はいう。

私が配慮したのは、今なお純粋さを保っている満洲人だけを対象にすることであった。そして二十歳から四十歳に至る六十一名に就いて計測を行った。すべて男子についてである。女子の調査はこの地方の慣習に配慮して、外貌や手足のみにかぎらざるをえなかった。（「人類学研究・満洲族」『鳥居龍蔵全集　第五巻』一九七六、二〇六頁）

この時も鳥居は皮膚と毛髪、髭と体毛の生え方、眼形と眼の虹彩などについて調べている（写真3－2）。現地調査を終えて、帰国直後の一一月二五日におこなった東京人類学会講演会で、鳥居は次のように話している。

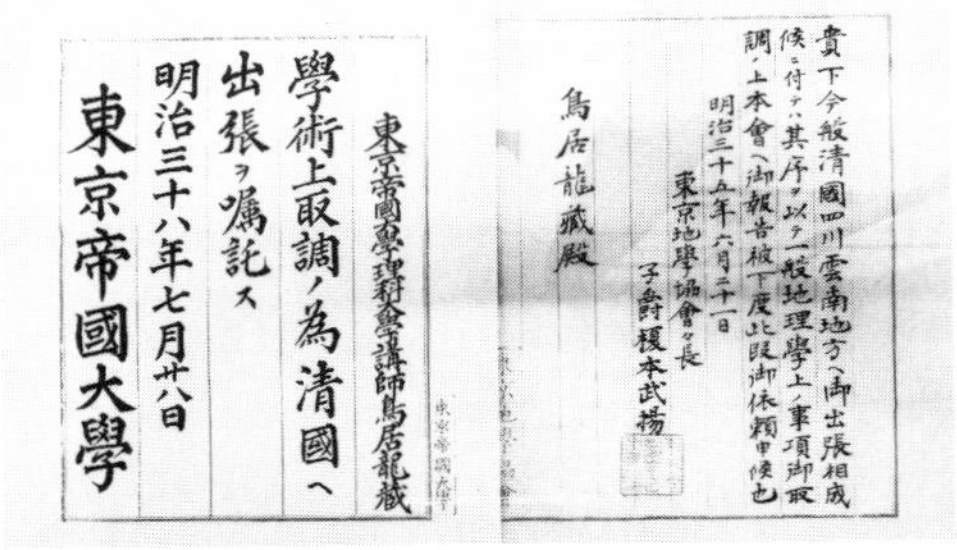
貴下今般清國四川雲南地方ヘ御出張相成候ニ付テハ其序ヲ以テ一般地理學上ノ事項御取調ノ上本會ヘ御報告被下度此段御依頼申候也
明治三十五年六月二十一日
東京地學協會々長
子爵榎本武揚
鳥居龍藏殿

東京帝國大學理科大學講師鳥居龍藏
學術上取調ノ為清國ヘ出張ヲ囑託ス
明治三十八年七月廿八日
東京帝國大學

写真3－1　徳島県立鳥居龍蔵記念博物館が保管する鳥居龍蔵の出張命令．同館展示より．

そこで私が満洲へ参りました時にも、第一にこの身躰の調べから始めようという念が起こったのであります。この民族とか人類の調べはどうしてもそれを極める基礎になるは体質上の調べで、この調べには骨と生きた人間で調べる方法となりますが、骨で調べる方は墓でもあばかなければならぬからこれは困難である。併しながら生きた人間を測定したり、あるいは観察することは、あまり面倒でない仕事でありますから、その方に私は従事しました。（「満洲に於ける人類学的視察談」『鳥居龍蔵全集　第九巻』一九七五、五五三―五五四頁）

「墓でもあばかなければならぬ」困難なことを、鳥居はほとんどしなかったようである。実際、その後の彼は発掘こそしているが、それは人骨測定のためではなかった。鳥居はもっぱら「生きた人間を測定したり、あるいは観察すること」に集中していたように見える。この点は、「墓をあばく」他の研究者たちとの大きな違いであろう。

鳥居はまた以前に一八九五年に入手した「南満洲の先史時代人」のデータとその後の複数回の調査で集めた満洲人に関する資料と合わせて、日本人との比較を示した。

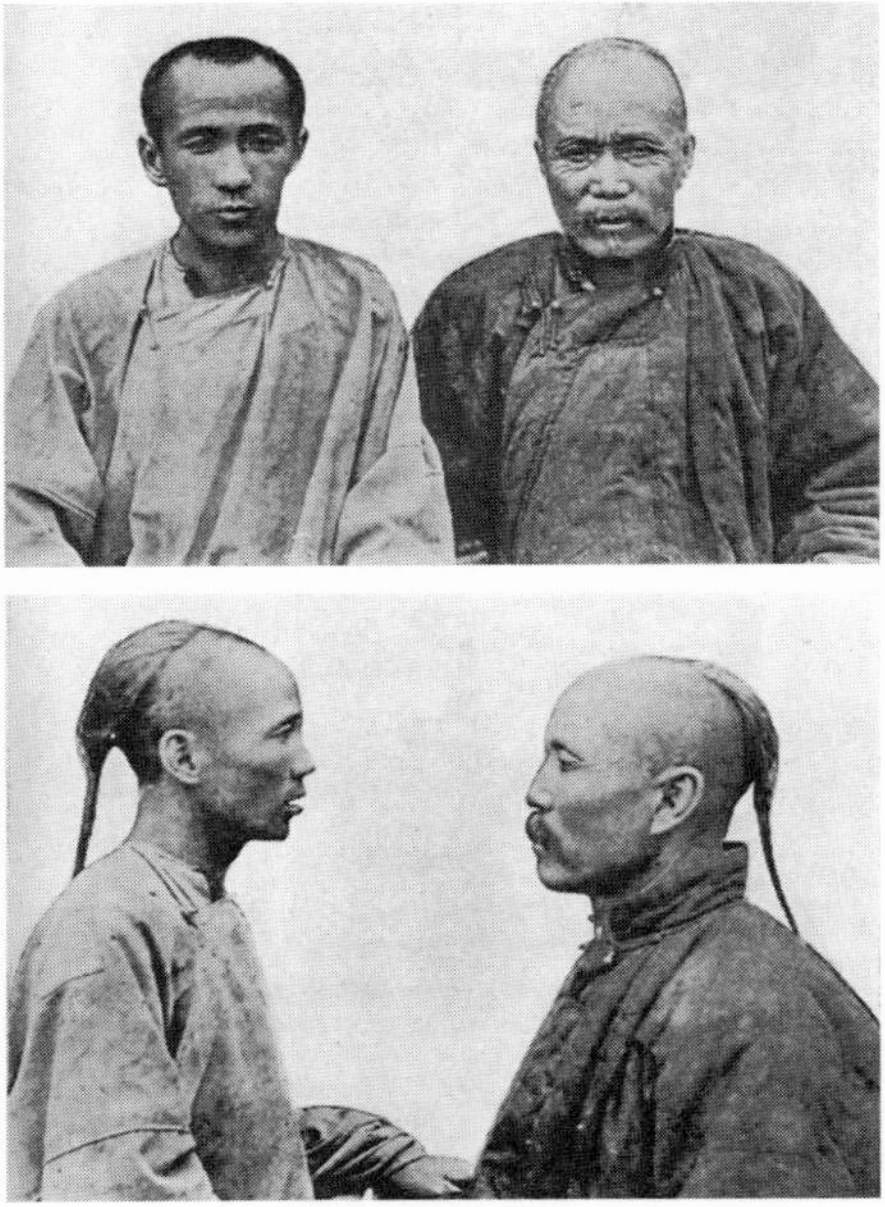

写真3-2 鳥居の著作に掲載された満洲人の正面と側面を撮った写真.『鳥居龍蔵全集第五巻』より.

日本では純粋な短頭からあらゆる中間型を経て、強度な長頭にいたるすべての示数がみられる。これはうたがいもなく、はじめ日本にはきわめて多数の諸人種が住んでいたことを示している。おそらく短頭は西北からやってきたきわめて顕著なモンゴロイドであり、またもっとも多数をしめる中頭は長頭とともに中国南部から到達した人々という

ことができる。(「南満洲の先史時代人」『鳥居龍蔵全集 第五巻』一九七六、二五六頁)

ここでも鳥居は「日本にはきわめて多数の諸人種が住んでいた」点に主な関心を見せている。日本人の頭型もさまざまで、そのうち短頭はシベリアからモンゴル高原を経て日本列島に入ってきた「蒙古人種《モンゴロイド》」だと解釈している。既に植民地台湾と満洲で多種多様な「人種」を実際に目撃して来た鳥居にしてみれば、ひたすら「日本列島の住人は古代から日本人のみだった」とする清野謙次らの狭隘な民族主義的学説とは、当初からかみ合わなかったはずである。

モンゴル草原の石器路を行く

一九〇三年、南モンゴル南東部にあるハラチン部の若き親王は、密かに来日して大阪で開かれた内国勧業博覧会を見学した。彼はモンゴルに帰ると、ただちに日本型の近代化を故郷に導入しはじめ、一九〇六年、鳥居はきみ子夫人と共にグンサンノルブに日本語教師として招聘され、ハラチン草原に入った(写真3-3)。二人はハラチン王府(写真3-4)でモンゴル語を習いながら、遊牧民の風俗習慣と現地の歴史的な遺物についても満遍なく調べていった。

喀喇沁《ハラチン》にて余は男子の学童を、妻は女子の学童を教えし……又其の余暇には、妻と共に蒙古人の身体測定を始めとし、俚歌、童謡、等の蒐集に従い、時間の余裕あれば王府付近を巡りて、諸種の調査に従事……(「蒙古旅行」『鳥居龍蔵全集 第九巻』一九七五、一二頁)

先に述べたように鳥居は、日露戦争時の一九〇五年に東京帝国大学から人類学的調査のために満洲への出張を命じられており、その際に南モンゴル東部のホルチン地域の賓図王旗《ビントーワン》と博王旗《ボーワン》等を回ったので、モンゴルは初めてではなかった。ハラチン王府滞在中に彼は旗内を流れる英金河付近の遺跡に注目している。「石鏃、石包丁及び土器の類にして、其の何民族の残したる者なるかは、人種学上最も興味ある研究にして、之等は東胡民族の手になりしは明らかなり」と書き、後日の東胡民族重視の学説につながる一端を早速披露していた。

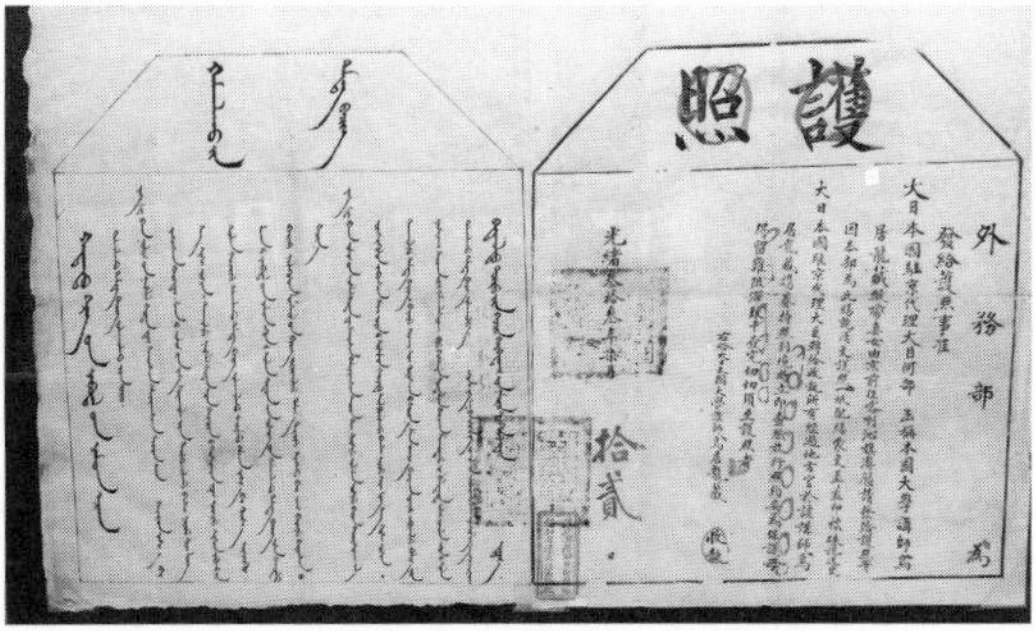

写真 3－3　徳島県立鳥居龍蔵記念博物館が保管する鳥居龍蔵の清国護照(パスポート)．モンゴル語では日本を Ri Ben，鳥居龍蔵を Niyou giui lung sang と中国語の発音で表記している．同館展示より．

写真 3－4　日本型近代化の導入に熱心だったハラチン王の王府．中国共産党によって徹底的に破壊されて廃墟同然となっている．1999 年春撮影．

「各所で蒙古人の体格を測定」

一九〇八年早春、二人は生まれたばかりの幼女幸子を抱えて、まだ厳寒に包まれた草原の旅に出かけた。この時の調査旅行を一言で表現するならば、まさに「石器路を行く旅」だった。たとえば、三月二九日朝に翁牛特《オンニュート》旗から巴林《バーリン》旗に入る潢《シャラムレン》河の畔で石器時代の遺跡を通っている。「此処に居住せし石器時代の民族は、自ら石斧及び石鏃等を制作使用し居たるを証すると共に、既に金属器の使用を知り居たる事も明かなり」。

四月五日には大バーリン王府付近で眼病に悩むモンゴル人に薬を与え、近くの沙漠内に土器と石鏃の散乱状態を確認する。地元のモンゴル人は沙漠から出土した石斧と鉄鎧、それに古銭等を持って来て鳥居一家の物資と交換しようとした際も、応じて見せた。そして、まもなく「天幕生活を為し居る興安嶺の山中に、斯かる唐末文化の遺跡」たる契丹の慶州城跡をモンゴル人から聞きつけて調査に着手したのである（地図1）。

鳥居一家はモンゴル人の天幕《ゲル》に泊まっては草原の旅を続けた。調査の道中に、鳥居夫妻は「各所で蒙古人の体格を測定して行った」。夜は天幕の主人と歓談し、民族学的な情報を聞き書きし、朝は「蒙古人の体質を調査」、「体格測定及び写真の撮影」を実施するという決まったスタイルであった。モンゴル人社会には昔から接待の伝統があり、どの天幕に入っても温かい食事が提供され、鳥居夫妻は「人情の質朴」に感動した。

五月に入ると、一行はシリーンゴルの西烏珠穆沁《ウジュムチン》旗に到達し、ここからさらに「外モンゴル」を目指した。いわゆる「内外モンゴル」という言い方は清朝後半期の政治的な表現であり、現地に暮らすモンゴル人は「北南《アル・ウブル》」と呼んでいた。当時の西ウジュムチンは南モンゴルで最も遊牧文明が残っていたことから、鳥居らの旅もますます愉快な雰囲気に包まれていたことがその日記から読み取れる。

五月十七日　早朝より風暖かく旅行に便なり。出発に臨みて蒙古人の体質を調査し午前八時愈々此の村を出発す。……

五月十九日　早朝蒙古人の身体測定を為し、午前八時頃出発する事なりし……

五月廿日　朝疾く起き出て、蒙古人男女の身躰測定を為し、其の他種々の調査をも為し終りし……（同、一一六―一二二頁）

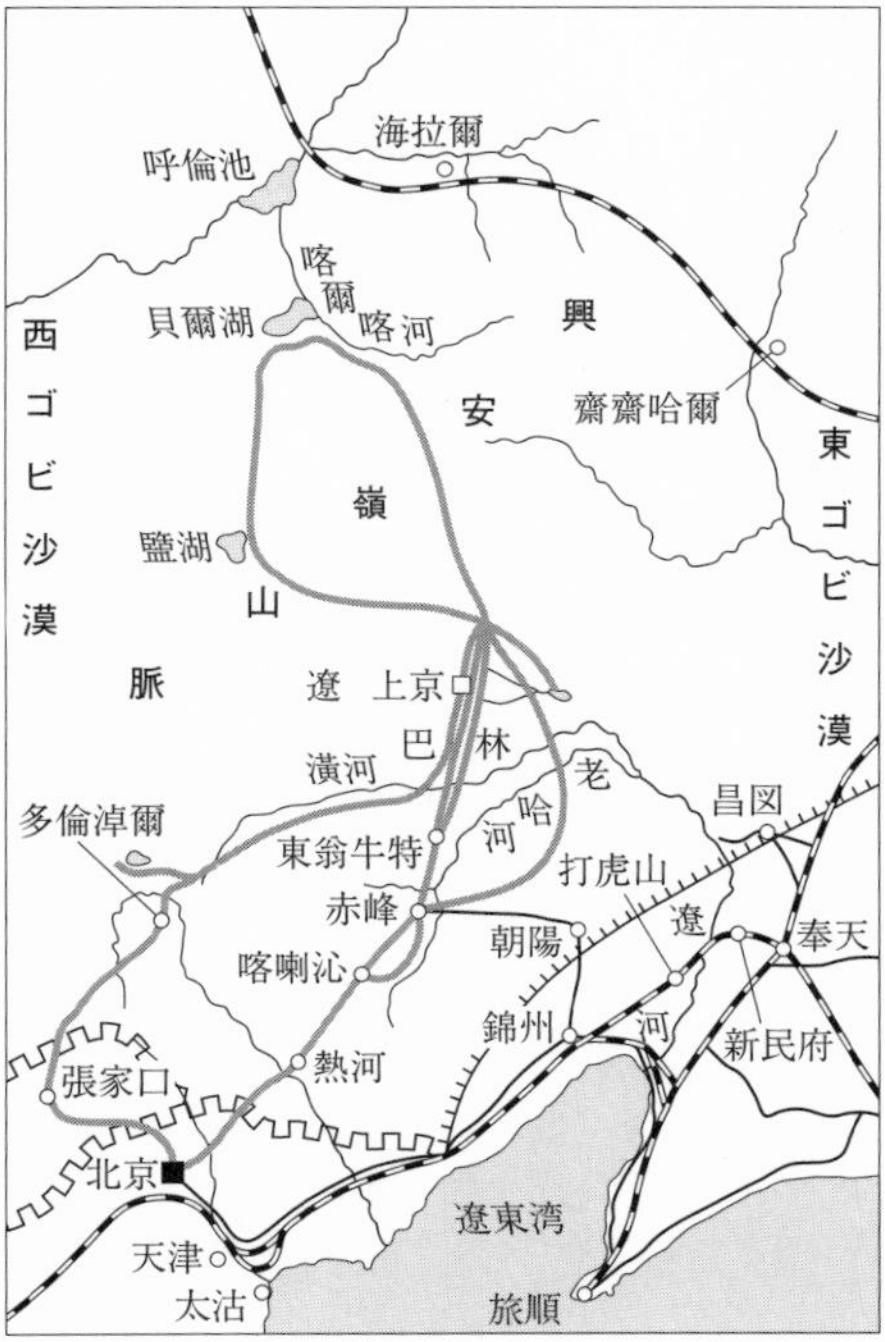

地図1　鳥居龍蔵のモンゴル探検ルート．『鳥居龍蔵全集 第九巻』より．

一行はそのまま北上し続け、「外モンゴル」の喀爾《ハル》喀《ハ》人の社会に入り、そこのモンゴル人は「シナ人の狡猾さを学んだ内《みなみ》モンゴル人」よりもさらに純朴であるとしている（写真3‐5）。やがてハルハから南東へと進路を変えた鳥居は、六月

写真 3－5　鳥居龍蔵の名著『蒙古旅行』の口絵写真．この写真は今でもモンゴル人たちに好かれ，当時の民族衣装や住居と表情を知る上で欠かせない重要な史料として評価されている．『鳥居龍蔵全集第九巻』より．

二日に興安嶺の北東麓を流れるハルハ河南岸で剽悍なバルガ人に遭遇する。

　バラカ〈バルガ人〉の体質上注意すべきは、彼等の中、皮膚の赤色を呈し、眉毛、頭髪等多く茶褐色を帯ぶるものを見る。又その顔面は扁平に、頭は広く、体質大にして横に扁平なるが如き事なり。（同、一四九頁）

バルガ人はモンゴル高原南東部、現在のフルンボイル盟に分布している古い集団で、シベリアのブリヤート・モンゴル人との親縁関係が強いと見られている。モンゴル各地を旅して来た鳥居は、いち早くバルガ・モンゴル人の体質上の特徴を認めている。

ちなみにこのハルハ河の南岸のノモンハンにおいて、この三〇年後に日本と満洲国が、モンゴル人民共和国とソ連との間で国境線をめぐって大規模な戦争に突入する（田中克彦『ノモンハン戦争』二〇〇九）。鳥居が自由に旅行していたように、モンゴル人は古くから境界を意識せずに遊牧してきた。そこへ、新興の帝国日本とソ連がそれぞれ南北のモンゴル人を自らの勢力範囲内に取り入れて国境線を引いた。この国境線が導火線の一つとなって、モンゴル人同士で日本人とロシア人に追随して銃口を向け合うことになるのである。

アムール河「船中の人種観察」

「外（北）モンゴル」まで踏査した鳥居はその後、シベリア東部に知的関心を示し、ついに一九一九年六月から現地で調査を実施した。日本によるシベリア出兵の一年後のことである。陸軍省の許可を得て、東京帝国大学及び朝鮮総督府の紹介で財閥三井家から資金援助を受けた鳥居は、東京から出発して、敦賀から船でウラジオストク（浦潮）に上陸した。この時の調査旅行の成果は『人類学及人種学上より見たる東北亜細亜』（一九二四）として結実する。彼は冒頭で次のように心情を綴っている。

余は西伯利《シベリア》に対し人類学上非常に研究の希望也興味なりを有って居るし又我が日本との比較上から見ても一層此の感を深くして、何時かは自分の目的を達する日の来らんことを望んで居ったのである。……

先ず西伯利に住んで居る所の人間、即ちツングースとか或はモンゴルの如き諸民族の部落を訪うて、彼等の体質から其の日常生活の状態及び風俗習慣を調査するということ、我々の最も勉めなければならぬ所である。……

西伯利出兵の目的如何ということは兎も角、余は之に依っても日本の勢力が此処まで及んで来て居るということを感じて、西伯利出兵が強ち《あながち》無意味でないことを考えたのである。之を利用するの如何ということは日本人の任務であって、漫然此の機会を看過して何等利用することなくん

ば、西伯利出兵は其の効果を齎《もたら》さないのである。（鳥居龍蔵『人類学及人種学上より見たる東北亜細亜』一九二四、三一―一二頁）

シベリア出兵は、その前年の一九一七年に勃発したロシア革命に対する英仏米日による武力干渉の一環として推進されたものである。錯綜した国際関係を横目に、鳥居は精力的に各地で博物館を見学し、現地の先住民の生体計測をおこない、研究者たちと熱心に学術交流を重ねた。もちろん、現地に駐屯する日本軍の保護を受けながらの旅だったが、常に人類学的観察を怠らなかった。九月二日にロシアの川汽船で黒龍江《アムール》上流を下った際に、彼は次のように「船中の人種的観察」を書き残している。

それから船客に就いて少しく人種学的に注意して見たい。此の船に乗って居る猶太人《ユダヤ》であるが、猶太人は皆金持社会である。其の顔を能く見ると、非常に日本人に似て居る。例えば其の中の男の一人の如きは、元と東京帝国大学の地質学教室に助手をして居られた某氏、又余の友人某氏の娘さん息子さんに最もよく似ている。即ち眼の二皮目や目の色の稍々《やや》淡き褐色を帯びて居る点などで、殊に余の友人の息子さんの色の黒いのに最もよく似て居る。それから鼻梁が美しく屈曲して、鼻の切れ目のついて居る所などは、猶太タイプの最も特点とする所であって、此等によく似た人は、日本人にもある。……

日本人はもと大陸から入って来たのであるけれども、斯《こ》ういうセミチックのタイプの雑《まざ》ったのが後に這入《はい》って来たかも知れぬ。而してそれが隔世遺伝で始終出て来るのではあるまいか。昔から中央亜細亜にイラン民族が居ったことは、明かなことで而かも今尚お此処に彼等が住って居る。

又現に蒙古人や土耳古人などの内にも、斯ういうタイプはたび〳〵見受けるのである。故に大陸と人種的関係の深い日本をして、斯ういう風なセミチック人種のタイプが残って居るのではないか。日本のアイヌ人もセミチックと稍々近い民族であるから、そういうふうなものが混血して居るのではないか。余は人類学者でありながら非常に驚いた。（同、二二八―二二九頁）

鳥居は、かねてから恩師の坪井正五郎と異なって、「日本人はもと大陸から入って来た」し、その前には既にアイヌが日本列島に住んでいたとする学説を唱えていた。ここでは、彼は「セミチックな顔」をしたユダヤ人と日本人、アイヌ人との関係にまで思いを馳せている（写真3－6）。

その後、鳥居は一九二一年にもう一度シベリアに入って、先住民ギリヤーク人社会で人体計測を実施し、そのデータをヨーロッパ人研究者の先行研究と比較した上で、シベリアの先住民族と北海道アイヌとの関係に大いに注目する必要がある、と強く主張している。このように、鳥居の視線はその踏査範囲の拡大につれ、ますます国際的になっていったといえるだろう。

写真 3-6 ヨーロッパの人類学者たちがいうところの「セミチック」なタイプ．*The Mongol in Our Midst* より．鳥居はヨーロッパの人類学者たちの理論と「人種」言説について熟知していた．

現地調査の成果と日本文化との比較

アジア各地で得た現地調査の成果を鳥居は積極的に日本国内に向けて発信し続け、特に日本の神話や文化との比較に力を入れた。彼は一九二四年から約一年間国学院大学で講義を開き、やがてその内容を欧米の大学の教授たちのやり方に倣って、『人類学上より見たる我が上代の文化』(一九二五)という著書にまとめた。

私の上代と云うのは全く原史時代(Protohistoric)のことであって、即ち這《コレ》は主として曲玉・管玉等を佩用し、高塚を築造した時代である。……私の今回の著述はなるべく我が上代に於ける民衆の精神的・物質的に生きんとする生活・其様式、さてはその文化・民族等を人類学上から観察・研究せんと欲するもので、要は上代に於ける我が祖先の民族的色彩や精神的(Mental)と物質的(Material)の両文化(Culture)を明かにせんとするのである。(鳥居龍蔵『人類学上より見たる我が上代の文化』一九二五、一―二頁)

鳥居は『古事記』と『日本書紀』内の神話を中央アジアのトルコ系諸民族やモンゴルの神話と比較している。たとえば、白色を尊ぶ風習、鍛冶屋を尊崇する習慣、動物の骨を用いた占い等の民族学的現象に注目している。モンゴル語資料やトルコ系諸言語資料を直接駆使しているわけではないが、ヨーロッパの人類学者たちの民族誌と、自身がモンゴル社会を歩いた際に目撃した情報をふんだんに活用して立論している。

鳥居がシリーンゴル草原の東ウジュムチンを通過した際に、寒暖計を紛失したことがある。その際、心配してくれたモンゴル人は羊の肩甲骨を火において焼き、骨に現われた文様で遺失の原因を占った(写真3－7)。こうした占いの習慣は古代日本にも存在し、鹿の肩骨を焼いて天神に祈る行動と一致する、と鳥居は述べる。

彼はまた遊牧民の突厥とモンゴルのハーンの即位式(前掲写真1－2参照)についても、日本の記紀神話との間に類似性があるとしている。結論を先取りして指摘すると、鳥居の仮説はその後、江上波夫によって一層体系化されて、「騎馬民族征服王朝説」として登場する。言い換えれば、江上の壮大な仮説の先駆的な見方が既に鳥居によって部分的に提示されていたのである。

一九二七年秋、鳥居はふたたび「満蒙の探査」に出かけた。九月三〇日には満洲の鞍山郊外のある古墳を発掘した。この発掘には現地の中学校教諭の梅本俊次らも参加し、人骨と土器類を発見した。

後室には地上に塼《せん》(レンガの一種)をしきつけ、その上に五寸ほどの高さに盛って土床とし、その上に二人の人体が置かれて居るが、人体は石灰(中に木炭がある)にうずめられて居る。もと此処に木棺があったものであろう。人体の一人は男子で、一人は女子らしく、身体は男子の方がやや大きく、女子の方はやや優しく骨盤も大きく、何処やら柔らかな所が見える。(「満蒙の探査」『鳥居龍蔵全集　第九巻』一九七五、三三〇頁)

この鞍山の古墳を鳥居は漢代のものと断定している。管見の限り、鳥居の満蒙調査旅行や発掘報告の中で、遺骨に触れることは非常に少ない。この漢代

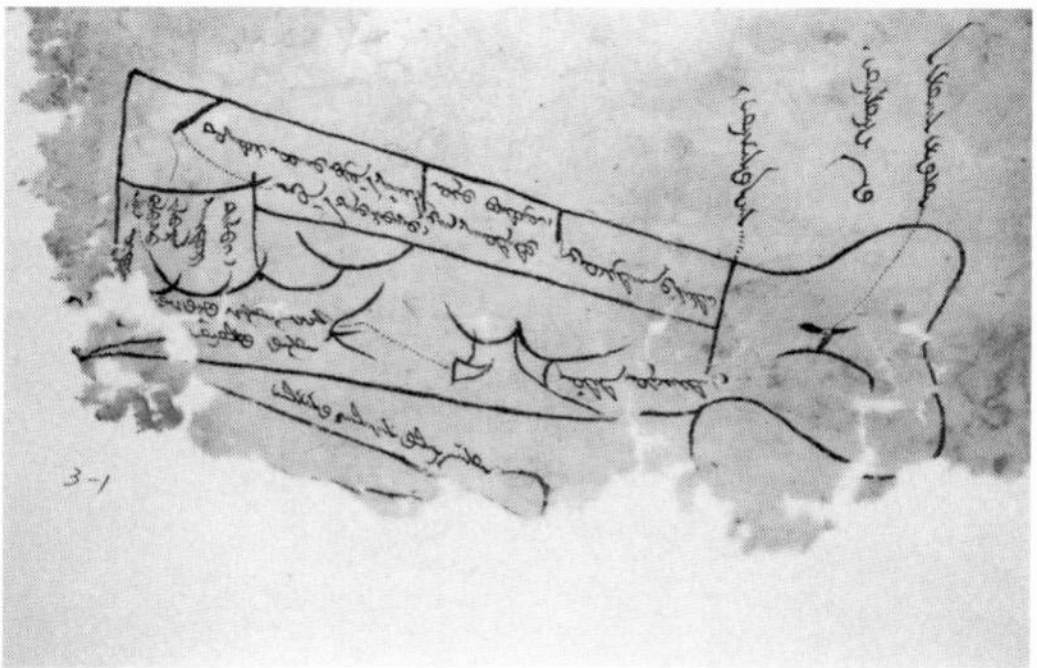

写真 3-7　モンゴルに伝わる羊の肩甲骨を用いた占いに関する写本．鳥居が紛失した寒暖計について占ったモンゴル人もこのような写本の知識を運用していたはずである．著者蔵．

の古墳から出土した人骨を元の墓に残したのか、それとも地元のしかるべき機関に渡したのか、あるいは持ち帰ったのかは不明である。

「蒙古人種」の概念はいかに創出されたか

鳥居はまた一九三〇年、『東亜』という雑誌に「蒙古人種」という名称に関する論考を寄稿した。この論文は私が本書の冒頭で提示した、いわゆる「蒙古人種《モンゴロイド》」の身体的特徴とも関連するので、彼の論点に簡潔に触れておく。

アジアには多くの頭髪直毛、黄色い皮膚の民族がいるのに、どうして漢人の名称を用いずに、「蒙古人種」と呼ぶのだろうか。鳥居の見解では、もっとも早くから「蒙古人種」の概念を創出したのは、ドイツの解剖学者ヨハン・フリードリッヒ・ブルメンバッハ(一七五二～一八四〇)で、その著名な『人類自然変種論』の中で、人類をコーカサス人種とモンゴリア人種、エチオピア人種とアメリカ人種に分けた。この時から「蒙古人種が亜細亜全体の住民の総称」とされたというのである。

なお、『人類自然変種論』の初版が出たのは一七七五年だが、この年は清朝の乾隆四〇年に当たる。そして、乾隆五三年に清朝政府が編んだ『皇清職貢図』という諸外国からの朝貢使節を描いた書物には、「大西洋」や「波斯《ペルシア》」の住民に関して「其人彷彿蒙古」という記述があることから、ブルメンバッハの人種論の観点は乾隆帝にも影響を与えていた可能性がある、と鳥居は指摘している。清朝の歴代皇帝は学問好きで、西洋からの宣教師たちを通して「西学」の知識を吸収していた。天才を自任する乾隆帝が西洋人による人種分類の著作の内容に触れていた可能性も否めない。

契丹の陵墓発掘

鳥居の重要な功績の一つに契丹の陵墓「慶陵」の発掘がある。ハラチン滞在以来、鳥居とヨーロッパの考古学者や宣教師らによって報告されていた契丹時代の遺跡だが、まもなく遺跡発見の報告書を悪用した盗掘が猖獗するようになった。盗掘は遺跡の破壊につながる、と心を痛めた鳥居夫妻は、一九三〇年九月に南モンゴル草原に赴いた。彼は夫人と共に南モンゴルに進出した日本企業の種羊場を視察し、日本の植民地経営の実態を観察した。

その後、南モンゴルのバーリン草原に広がる「瓦の沙漠」(ワール・マンハ)に眠る契丹の聖宗(九八二〜一〇三一)と興宗(一〇三一〜五五)、それに道宗(一〇五五〜一一〇一)の陵墓を発掘する。墓室内の壁画を見て、藤原時代の山水画との類似性を考えるなど、壮大なスケールで契丹文化を考察した(写真3-8)。

既に三〇年近くモンゴル各地を探査してきた鳥居はこ

写真 3-8 南モンゴルのバーリン草原の慶陵附近の沙漠．これとほぼ同じ風景が附近の契丹の陵墓内の壁に描かれていた．1999 年春撮影．

こに至って、草原の遺跡分布の特徴について分析している。

蒙古の石器時代の遺跡は、日本などと違い、砂丘の中に包含せられたものに、角・骨等が残っている。日本ではかかる種類の遺物は貝塚以外にほとんど残らないが、蒙古ではこのように包含層の中に残っているのである。(「満蒙探査旅誌」『鳥居龍蔵全集 第九巻』一九七五、四七二頁)

鳥居やその後の江上波夫らは一つの事実に気づいていた。それは、モンゴル草原に点在する沙漠は、実は石器分布所、あるいは石器路だったということである。乾燥地であるがゆえに、少しでも人類が活動し、地表の植被が動かされれば、そこはたちまち沙漠と化してしまう。豊富な石器の分布はまさに、人類の活動と草原の生態学的変化の関係史を物語っていたのである。当然、考古学者はこうした沙漠と石器を人類の「遺産」と見なす。古生物学者リサンが指摘したように、近現代に入って、草原に入植した中国人の農耕活動が一層沙漠化を拡大させていた。

鳥居は自身が調査したモンゴルの新石器時代の遺跡は「人種学」的には山戎、すなわち東胡のものである、と一貫して主張し続けた。鉄器も東胡や鮮卑のものだと解釈していた。東胡は朝鮮半島に流れ込み、半島の歴史に重大な役割を果たしているので、その文化的影響は海を越えて日本にも伝わった。

鳥居はまた、「蒙古人は古代東胡の子孫だ」としている。そして、モンゴル語と日本語は類似性が高く、「双方の語根が一致している」という。「したがって日本人が蒙古語を学ぶことは、例えばフランス人がイタリア語やスペイン語を学ぶのと同様に確かに容易である」と、自身の語学経験に即して述べている。

こうした鳥居の立場に対し、考古学者の水野清一(『東亜考古学の発達』一九四八)は批判的である。「この人種論は、当時の東洋史学界の風潮を多分に反映しているもので、かならずしも、ただしく遺物、遺跡にもとづいた議論とはいえない」と冷静に回顧している。

写真3－9 鳥居龍蔵も眺めていた契丹時代の白塔．1999年春撮影．

鳥居の契丹研究の世界史的意義

日本軍の主導で満洲国が一九三二年に成立した後も、アジア大陸の情勢は混乱の一途をたどった。モンゴルの古代遺跡の略奪を危惧した鳥居は一九三三年一〇月に家族総出で三度の契丹遺跡の調査に着手した(写真3－9)。きみ子夫人は測量、二女の緑子は壁画をスケッチし、息子の龍次郎は撮影を担当した。騎馬のモンゴル軍一隊は寒風のなかで一家を守り続けた。

ぼろぼろになりつつある契丹陵墓の壁画を救おうと、日満文化協会が京都帝国大学の田村実造と小林行雄の二人に調査を依頼し、一九三九年五月、ノモンハン戦争で日ソが激突して戦況が極端に悪化する中で作業は続けられた。二人は持ち帰った資料をもとに報告書をまとめたものの、東京の大空襲で図版と写真版の大半が失われてしまった。絶望から再出発して書きあげた『慶陵――東モンゴリアにおける遼代帝王陵とその壁画に関する考古学的調査報告』二冊は一九五二、五三年に出版され、朝日文化賞と日本学士院恩賜賞を授与された。今日、世界の研究者たちは誰もが日本人の学術成果を出発点に契丹研究に取り組んでいる。

契丹について述べると、キタイやキタイヤとも称していた彼らは、一〇世紀初頭にユーラシア東部草原の主人公となり、東はモンゴル高原から中華北部を領有し、西はパミールを凌駕する大帝国を二〇〇年間にわたって運営した。一一二五年に契丹帝国が滅ぶと、一部の契丹人はモンゴル高原のアルタイ山脈を越えて中央アジアに討ち入り、セルジューク朝軍を撃退して新たな国家を建立した。モンゴルとイスラーム史料ではこれを「黒《カラ》いキタイ」と呼ぶ。黒《カラ》は強大を意味する。

カラ・キタイ帝国はおよそ八〇年間も続いたのちに、チンギス・ハーンのモンゴル帝国に合流した。チンギスという個人の稀有の指導力もあろうが、モンゴル軍が到着したユーラシア草原の先々には既に匈奴、突厥、契丹の先輩たちが待ち受けていたので、世界帝国の誕生はスムーズに完成された。キタイ・モンゴル軍団は中央アジアだけでなく、遼東・朝鮮半島方面にも展開された。そして、この遼東・朝鮮半島に駐屯していた集団は「蒙古襲来」とも関係していた事実が歴史学者らによって指摘されている。

一九九九年春、私は松原正毅に付いて、契丹故地のバーリン草原、シャラムレン河沿岸を旅した。その際、現地で出会った内モンゴル自治区の考古学者は、中国の考古学者は建国して数十年経っても、鳥居の学問的業績を越えることはできないでいると嘆いていた。鳥居の著作類を翻訳しようとするが、それも共産党政府から許可されていないそうである。足元に遺跡があっても、学問の自由がないからであろう。

第4章

江上波夫のモンゴル
——騎馬民族征服王朝説の淵源

20世紀初頭のモンゴル人画家が描いたモンゴルの野辺送りの風景．江上波夫をはじめとする日本の人類学者たちは，このような墓地から人骨を集めていた．小長谷有紀／楊海英編著『草原の遊牧文明』(1998)より．

一九四八年五月のある日。東京お茶の水のある喫茶店内で、考古学者の江上波夫は、人類学者の石田英一郎と岡正雄を前に、かねてからあたためていた学説をさらに体系的に披露した。一世を風靡することになる「騎馬民族征服王朝説」である。

騎馬民族征服王朝説の登場

江上は東京帝国大学で東洋史を専攻し、匈奴や突厥など古代遊牧民の遺跡をモンゴル高原で探索していた。後述するように、内モンゴル中央部の草原に一三世紀に栄えたキリスト教ネストリウス派軍団の拠点オロンスメを発見した業績で、一躍、世界の考古学界から注目される人物になっていた。モンゴル高原での考古学的、民族学的調査経験からユーラシアの騎馬民族の歴史に注目する形で、「日本民族と日本文化の源流」について語った。

江上は以下のように述べている。

一、日本列島の前期古墳文化と後期古墳文化とが根本的に異質である。

二、古墳時代の中でも、特に後期古墳文化は大陸の北方系騎馬文化と多くの共通した特徴を持つ。

三、後期古墳文化の担い手は倭人ではなく、海を渡ってきた騎馬民族である。

四、天皇の即位式は騎馬民族の君主《ハーン》の即位の礼と近似しており、それは君主制の類似性を意味している（前掲写真1‐2参照）。

大陸からの騎馬民族が武力で列島を征服した結果、古代日本国家は誕生した――。人類学者たちとの討論を終えた江上はその後、自説をまとめ、『騎馬民族国家』（一九六七）として世に送り出した。

私が初めて「騎馬民族征服王朝説」に接したのは一九八七年初夏のことである。北京大学東方諸言語学部が主催する歴史学の公開講座の席上に、中公新書『騎馬民族国家』と岩波新書『羊の歌』が置いてあった。中国では書物が極端に少なく、人類学と社会学など、西側起源の人文社会科学系の学問がまだ解禁されていなかった時代である。

新書という、日本独特の書物の斬新なデザイン、そして何よりもその衝撃的な内容に私は深く感動した。『騎馬民族国家』の中には数多くの匈奴の文物写真や地図が載っていた。一目でまさに私の故郷のものだとわかったが、匈奴の文化が日本の古代王朝と関連しているとは夢にも思わなかったのである。

加藤周一の自伝『羊の歌』については、個人の戦争経験と歴史認識が魅力的に感じられた。「古代史」に相当する『騎馬民族国家』と個人の現代史的経験である『羊の歌』は、私たちが中国の学校で習った歴史観とまったく違っていた。私はありったけの貯金をはたいてその本を買い、遠くから講演に耳を傾けた。人生で初めて買った二冊の新書である。

当時、北京市内の中心部、王府井《ワーフージン》に一カ所だけ、看板のない外国語書店があった。諸外国の文献を政府ぐるみで違法に複製し、限定販売する国営の書店だった。所属する勤務機関の紹介状を見せて入店するのだが、その紹介状の政治的なランクによって、見られる書物の内容も違っていた。高級幹部なら「極秘」資料、私のような大学の助手だと普通の文学や歴史学の書籍が購入可能だったが、日本語のものは極端に少なかった。そして、中国の書店が勝手に複製していた『騎馬民族国家』などは質が悪く、読めたものではなかった。

日本に来て民博の大学院に入った後の一九九〇年冬のある日、江上が東大阪市内で講演するという情報が入った。民博のある指導教官の紹介で私は講演会場近くの駅で江上に挨拶した。

「梅棹（忠夫）君から聞いた。君はオルドスから来たんだね」

江上は目を細めて励ましてくれた。彼は大きな風呂敷包みにした分厚い資料を抱えて元気よく会場に入り、騎馬民族について熱弁を振るった。所定の時間が過ぎても、「まだ序の口だけど」と聴衆を笑わせていた。

匈奴について書かれた江上の学部卒業論文は漢文で、枚数が多かったので台車で運んだが、提出後に訂正したのはほんの一字だけだった、学会の席上で五分間だけの挨拶を依頼したところ、二時間にわたって「騎馬民族征服王朝説」の考古学的背景についてしゃべり続けた、など伝説の多い研究者だった。

ウィットフォーゲルの征服王朝説

江上の説によれば、日本列島を征服した騎馬民族の有力な集団は当然、天皇家を形成していく。戦前の皇国史観にしたがえば、不敬罪に問われる可能性すらある仮説である。江上以前にも、日本人の由来を大陸と結び付けて研究する学者は明治期の小金井良精をはじめ、鳥居龍蔵らへと続いた。しかし、それらの学説は古代の日本人一般についてのもので、天皇家の由来に触れようとするアプローチはできなかった。江上が遠回りでも天皇家のルーツについて言及できたのも、戦後日本の歴史学界の世界観がある程度自由になったことと無関係ではないだろう。

写真4－1　現代モンゴルの儀仗兵．手にしている旗にはモンゴル軍のシンボルとされる白い隼のマークが見える．2016年8月撮影．

実は江上よりも早く、アメリカの有名な歴史学者カール・アウグスト・ウィットフォーゲル（一八九六～一九八八）が一九三〇年代後半に契丹帝国を事例に、有名な「征服王朝」説を披露していた。匈奴から始まり、突厥と契丹など、ユーラシア東部のモンゴル高原に淵源する遊牧民は、その軍事力を行使して万里の長城を突破し、中国本土を力でねじ伏せてから、真新しい政権を打ち立てるという歴史の反復現象である（写真4－1）。ウィットフォーゲルはその歴史的現象を「征服王朝」と表現していた。ウィットフォーゲルが最も注目し、詳しく分析したのは契丹《キタイ》王朝の文化変容である。

江上がウィットフォーゲルの影響や示唆を受けていたかどうかは不明だが、彼は一九三一年八月、田村実造と共に東亜考古学会の派遣で契丹の慶州遺跡を訪れて調査していた。江上は、モンゴル高原で興亡し、ユーラシア大陸で活躍した古代の遊牧民たちの歴史と遺跡を調べたことから、騎馬民族による日本の国家形成を考えたといえるだろう。

江上の「騎馬民族征服王朝説」に対し、湿潤な島国に遊牧民の家畜群の放牧に適した牧草地はなく、日本人は乳製品や肉の利用もしてこなかった等の諸点を挙げて、佐原真ら多くの研究者たちは厳しく反論した。しかし、市民の間で江上説が終始根強いファン層を維持してきたことも事実である。

古墳時代中期に入ってから、日本列島に突如として騎馬の習慣が伝来したのは事実である。その後、朝鮮半島での考古学的な調査が進み、日本と東北アジア地域との学術的な交流が進むにつれ、新たな歴史学の見解が生まれた。「騎馬民族」は、大規模な民族集団で海を渡らなかったが、「騎馬文化」は確実に日本列島にも伝わっていた、との観点である。契丹の先駆者たち、すなわち「五胡十六国」文明が咲き乱れていた時代、ユーラシア大陸の諸民族が大移動を繰り広げていた頃に騎馬文化は大和にも伝来してきたのである。

文献と出土品に即して研究する歴史学者や考古学者に比べ、ＤＮＡ解析によって日本人のルーツを探究する人類学者たちはさらに進んだ見解を示している。内モンゴル自治区東部の西遼河流域にキビを中心とした雑穀農耕を営む新石器時代の人々がいた。その集団が六〇〇〇年前に移動を開始し、朝鮮半島を経由して日本に入った。それが、古人骨から得たゲノムの解析が示す日本人のルーツであるという（篠田謙一『人類の起源』二〇二二）。年代こそ異なるが、集団の移動のルートは、奇しくも江上のいう「騎馬民族」の征服路と一致するのである。もちろん、雑穀キビを食べていた新石器時代人はまだ馬の背中に跨っていなかっただろう。

東亜考古学会調査団による総合調査

江上は一九三〇年と三九年、それに四一年と、複数回にわたって南モンゴルで大規模な調査旅行を実施し、名著『蒙古高原横断記』(一九四一)を残している。

同書によると、最初の一九三〇年だけでも、三回にわたって現地踏査を進めたという。まず、第一回は一九三〇年五月に張家口からドロンノール(多倫)までで、江上と水野清一ら六人だった。第二回は同年八、九月に実施され、江上と水野、それに三上次男らが綏遠《すいえん》と包頭方面を遊歴した。第三回はまた江上と水野、それに池田秀実らが一月に張家口駐在の盛島角房(一八八六～一九四六)の案内でシリーンゴル草原を踏査した。盛島は日本軍の特務として、終戦までモンゴルの民族独立運動に関わっていた人物である。

南モンゴルの歴史学と考古学的重要性について認識した江上は北平(現・北京)に戻るなり、東亜考古学会に書簡を送って、総合調査の必要性を力説した。そこで、翌一九三一年六月から人類学者の横尾安夫を団長に、地質学の松澤勲と言語学者の竹内幾之助に江上が加わる形で、総合調査が決行された。一行は自動車に乗って北へと向かい、草原の奥地に入ると馬車に乗り換えてさらに進んだ。

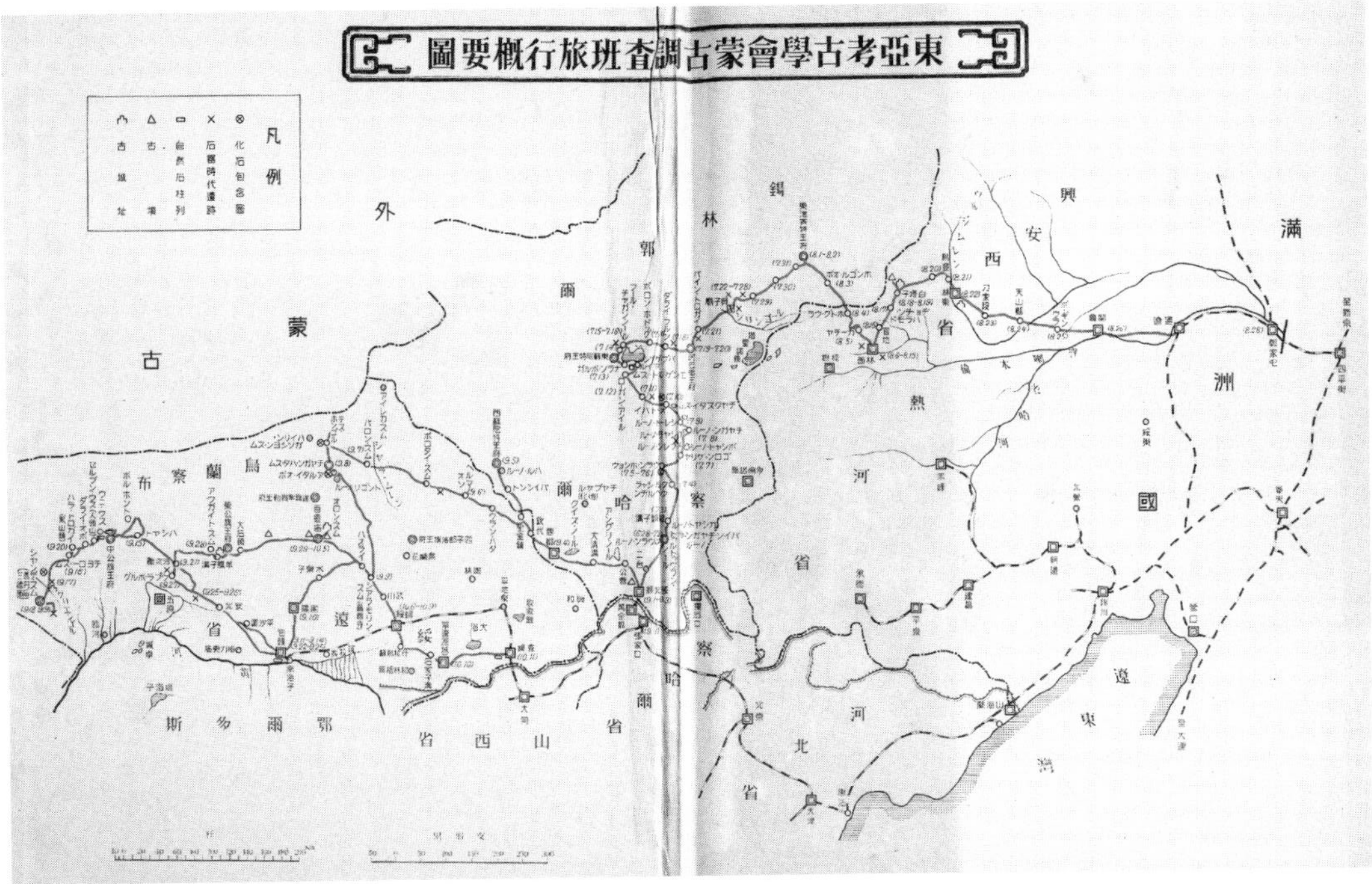

地図 2　東亜考古学会のモンゴル踏査ルート．地名の多くは現在中国語に変えられ，行政組織も再編されたので，地図そのものの価値が高い．『蒙古高原横断記』より．

続く石器収集

七月一一日にシリーンゴル草原のスニト旗に到達し、フル・チャガン・ノールという大きな湖に注ぐヌフス・ゴール河沿いの石器と土器が散布している状態を目撃する。

こゝより道は渓流の東側に発達した素晴らしく壮大な砂丘に沿って進み、その波状の砂の起伏の至る処に石器・土器類が見出された。石器には細石器のほか環石・石棒の類があった。（東亜考古学会蒙古調査班編『蒙古高原横断記』一九四一、四八頁）

ここで横尾は水質について調べ、一同は採集品を整理して就寝した。一五日にフル・チャガン・ノール湖の湖畔に着き、さっそく「江上は付近の砂丘の断崖を見廻って、石器の豊富な一遺跡を見出した」（写真4－2）。「無数の細石器が陽に輝き、大きな磨製の石皿など豊富に散布している遺跡に遭遇し、夢中で石器・土器類を採集し、リュックサック一杯にしたが、その重いのに閉口した」。後に刊行された『騎馬民族国家』にはこの時フル・チャガン・ノール湖畔で採集した細石器の写真が掲載されている（写真4－3）。

写真4－2　南モンゴルのシリーンゴル草原のフル・チャガン・ノール湖畔.『蒙古高原横断記』より.

石器と土器類の採集はその後も長く続く。八月一三日には熱河省バーリン草原西部の林西地

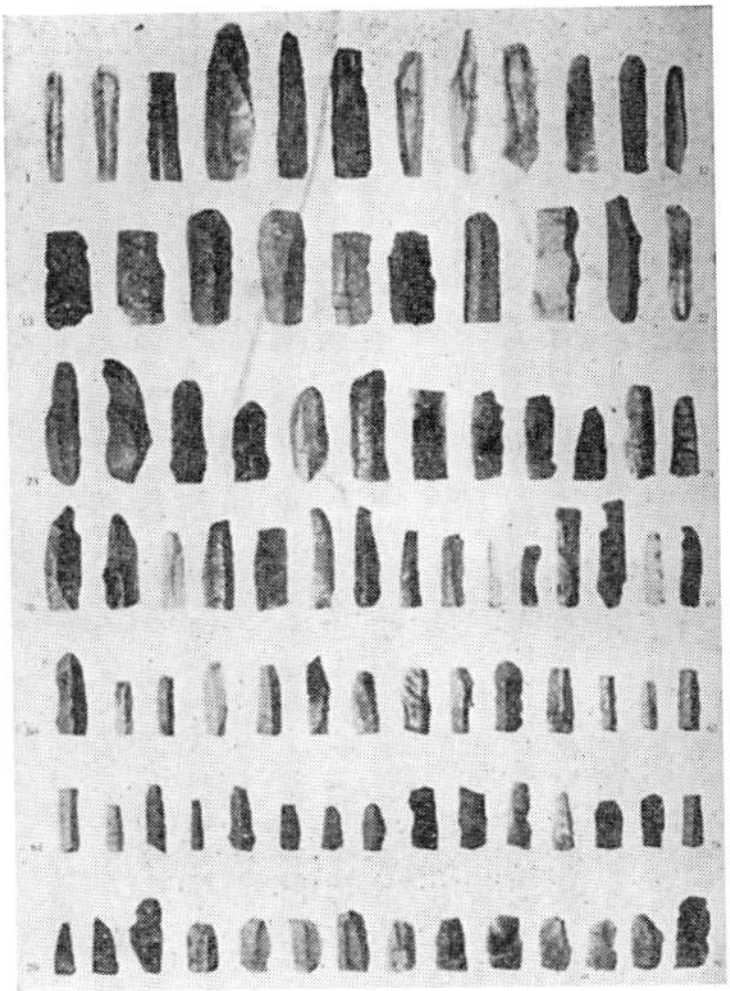

写真4－3　南モンゴルのシリーンゴル草原のフル・チャガン・ノール湖畔の細石器．江上波夫『騎馬民族国家』より．

域で「豊富な、また貴重な石器・土器類の収穫に喜びながら、終日その遺物の整理荷造りに従事した」。九月一九日の早朝には、三徳廟というところで、「江上は用便中に出て細石器の遺跡を発見した。隊員の多くもこの頃ではすっかり石器ファンになっていたので、早速応援に出掛けて皆で採集した。この荒寥たる砂漠地も何千年かの昔には人類の棲息した処かと思うと不思議でならなかった」と、感嘆している。

モンゴル人の目を盗んで宮殿の遺跡から人骨を発掘

七月二四日に一行は貝子廟の北、オルドン・トロガイ（「宮殿のある峠」の意）の近く、チャイダム・ノール湖畔の遺跡に立った。貝子《ベイス》とは、清朝時代に満洲人の皇帝《ハーン》からモンゴル人の貴族に与えられていた爵号の一つである。実は江上は前年にも水野とここを訪れ、石器類を集めていた。しかし、今回はまた別の大きな発見ができた。人骨である。

遺跡には最早や余り石器がなかった。昨年大体拾い尽した結果であろう。唯当時注意して置いた炉址らしい所を発掘して、二個の炉と付近に仰臥伸展の形で埋葬された人骨一体及び家畜の骨

二、三を見出した。炉の一は大きな石皿で造られ、他は塊石を楕円形に置いたものであった。人骨は頭部が既に砂上に露出し、頭蓋骨は欠失していたが、下顎骨以下四肢骨・椎骨・肋骨等は砂中に完存した。副葬品と認むべきものは何もなかった。炉に接近して死体を埋めることは古代亜細亜人の間に屢々見る風習であるから、我々はこの人骨を以て炉址と同年代のもの、即ち新石器時代のものと推定した。人骨を発掘中牧羊の蒙古人が遠くから我々を望んで、馬を飛ばして話をしに来るのには閉口した。我々は蒙古人が来ると折角掘った人骨を再び砂で覆い、彼等が立ち去ると改めて砂をのぞいて之を採集した。こうして相当ながい時間を要して人骨を掘上げた後、我々は休息して茶を喫した。（同、七八頁）

このくだりは、江上らの調査日誌の中で最も緊張感に充ちた一ページである。草原のモンゴル人は視力が良く、日本人たちが遠くで何をやっていたのか把握していたはずである。

その後、一行は旅を続け、九月三〇日にモンゴル地方自治政務委員会の政府所在地である百霊《ベイレ》廟を巡覧した。地名の由来であるラマ教寺院百霊廟の百霊も実際は貝勒《ベイレ》という、貝子《ベイス》と同じく清朝の爵号である。

江上らはモンゴル人の民族自決運動の指導者である徳王（デムチュクドンロプ王。一九〇二〜六六）の宴に招かれ、馬頭琴の音色とおいしい羊肉を堪能した。二日には百霊廟の東北三〇キロのところにあるオロンスメ遺跡を調べ、十字が刻まれた大量の墓石を発見し、元朝時代のキリスト教ネストリウス派信徒のオングート部の有力者が一三〇八年前後に建てた王府であることを確認した（写真4-4、5）。

写真 4-4　江上らが発見したネストリウス信徒の墓碑．『蒙古高原横断記』より．

写真 4-5　2006 年春に著者がオロンスメ遺跡附近で見つけたネストリウス信徒墓石．

江上は一〇月三日に百霊廟盆地の東にある売買場背後の丘陵地帯で「砂に埋もれた赤色土器片の傍に人間の腓骨を発見」する。翌日の午後にはまた小児、もしくは女性の人骨を見つけ、「第一号骨」と命名する。江上らは興奮して発掘に励む。

次に土器に沿って横わった長い骨に触れた。大腿骨である。そうして遂にこゝに完全に一体の人骨が埋葬されていることを知り、更に発掘を進めるうちに、死体が西を枕に北向に横臥していること、頭部のみは顔面を下方に俯伏していることなどが判明した。ところが今日も早や陽は西山に没しようとしていて写真は撮れないので、急いで壺と頭骨だけを取出して、他の部分の発掘は明日に譲ることゝして引揚げた。

夜、包《パオ》の中で蒙古人達に気附かれないように門扉を閉ざして、ひそかに頭蓋骨にぎっしり詰った砂を取出したり、壺の中を調べて草の実らしいものが這入っているのを発見したりした。

蒙古人は墳墓を掘ることを極端に嫌い、之を敢えてする者を殺すとさえ謂われているから、たとえ学術的調査の場合でも注意してやらねばならぬのである。（同、二〇四頁）

このように、墳墓を掘るのを現地のモンゴル人が極端に嫌っていた事実を一行は知っていた。また、モンゴル人が彼らの行動を不審に思っていたことにも気づいている。そして、何よりも「たとえ学術的調査の場合でも注意してやらねばならぬ」と自覚していた。ただ、その自覚は、盗掘してはいけないということではなく、相手側に見つからないようにするという自覚であろう。

「穴の中に身を隠して人骨を手早く採取」　墓泥棒の冒険談

翌五日の朝、一行は「早朝から人骨掘に昨日の遺跡に出かけた」。

ことに附近に蒙古兵の屯所があって、彼等が見に来たりして面倒なことになるのを惧れ、江上は土器片を拾う振りをして、蒙古人が来ると巧みに他所に誘い胡麻化して追い払うことに勉めた。その間に赤堀〔英三〕は深く掘り下げた穴の中に身を隠して人骨を手早く採取し、現場を撮影した。その際に骨製の小扁玉が一個伴存しているのを見出した。こうして我々は古人骨一体をほとんど完全に袋に詰め、また穴を元のように埋めて、素知らぬ顔で発掘品を包《パオ》に運ぶことに成功したが、この間約二時間半を要した。（同、二〇四―二〇五頁）

この文章は、日本の帝国大学の学術調査隊員が書いた発掘報告の経緯というよりも、まさに墓泥棒の冒険談ではないか。私は決して、現在の視点と倫理で先人の偉業を遡って批判しているわけではない。現地政府の実力者で、モンゴル民族の最高指導者の徳王の歓待を受けている以上は、正々堂々と学術調査の目的と方法を伝え、許可ないしは黙認を得て発掘を進めるべきではなかったか。こそこそと墓をあばき、「蒙古人が来ると巧みに他所に誘い胡麻化して追い払う」行為をしていたのは、やはり自分たちの不正行為を自覚していたからではないだろうか。

江上らは、自分たちの古人骨の巧妙な発掘にすこぶる満足していた。

　思えば百霊廟を中心として少なからぬ収穫があった。或は蒙古人の指紋を採集し、或は古墳人骨を掘り、或は土城址を調査し、或は立石墓群を発見したりして滞在中毎日多忙を極めた。これは百霊廟附近の地が人間の棲息繁栄に好適な場所である理由の外に、我々がそこにゆっくりと腰を落着けて、そこを根拠地として活動したことにも大きな原因があったと思う。（同、二〇九―二一〇頁）

江上は古人骨の入手に最大の関心を示しながらも、同時代のモンゴル人の遊牧生活にも常に目を配り、好意的に記述していた。モンゴル人は「陽気で単純、親切で勇敢」であるという。「蒙古高原を旅した人は彼等の天真爛漫な人間性に感銘し、彼等の厚遇に感謝しないものはない」と書いている。

彼らはまた当時のモンゴル人の野辺送りの風習にも注目している。死体を焼いて遺骨を壺に納めて埋葬するのではなく、草原にそのまま置いておく風葬がおこなわれていたと記録している。「風雨に白骨の曝されるまゝにする一層原始的な葬方もおこなわれていると云う。我々も屢々草原或は砂漠中に転がっている人間の枯骨を実見した」。

江上ら一行がこのような風葬されたモンゴルの人骨を拾ったかどうかは記述していないが、後述するように別の人類学者たちは組織的に墓場の人骨を採集していた。そして、日本人がモンゴル人の風葬地から人骨を集めていたのをモンゴル人も見ていた。一九八四年秋、北京第二外国語学院大学日本語科で学んでいた私は、シリーンゴル草原に住む母方の伯母の家を訪ねた。その伯母の夫は徳王の蒙疆政権の蒙疆学院を出た秀才で、流暢な日本語を話す学校教師だった。彼は、蒙疆学院の生徒だった頃に、日本人たちがシリーンゴル草原で風葬にされたモンゴル人の人骨を大量に集めていたのを実際に目撃していたのである（一五三―一五六頁参照）。

「何に使われたのだろうか」と、彼は私に不思議そうに語っていた。

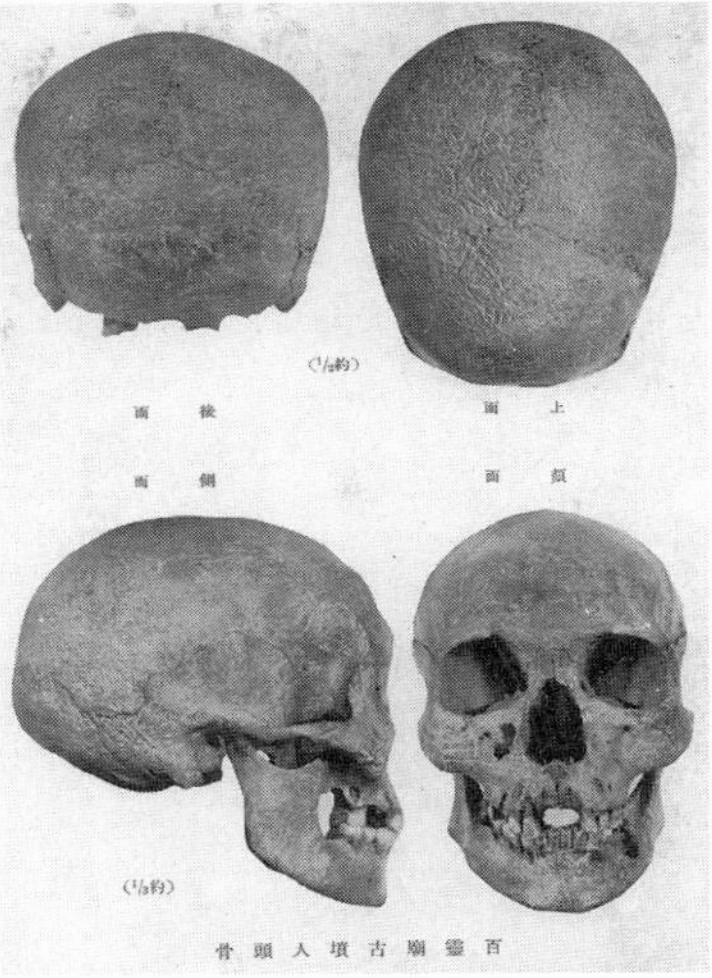

写真4-6　江上と赤堀が百霊廟から収集し，発表した古人骨．『蒙古高原横断記』より．

モンゴルの古代人骨は今も東大に保管

「穴の中に身を隠して人骨を手早く採取し」た赤堀英三は、『蒙古高原横断記』に「蒙古高原の古代人骨」という一文を載せている。以下は、その骨子である（写真4-6）。

赤堀はまず、古人骨の人種的性質を特定する必要があると唱えながらも、「内蒙古に於ける人骨資料の欽乏」が問題だとしている。それはやはり、「蒙古人が

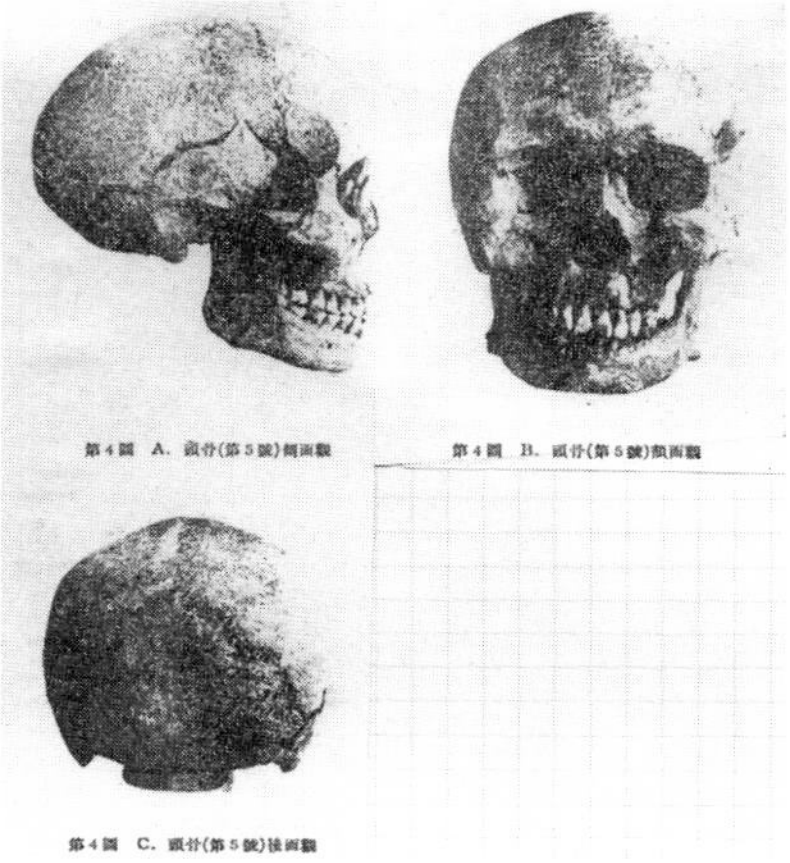

写真4－7　鈴木誠「内蒙古百霊廟にて発掘せる古墳人骨に就いて」より．

土地を掘ることを極端に嫌うことに原因するので止むを得ない」としている。ただ、江上らの後に朝鮮半島の京城帝国大学も内モンゴルで人骨収集を開始したので、その成果に期待しようと記している。

赤堀が計測した結果によると、百霊廟出土の古人骨の頭蓋指数から見ると、「外蒙古人と北支那人との丁度中間の値を示していた」そうである。

> 百霊廟に於いて発掘した蒙古高原の古代人は、多分に漢式文化の遺品を有しておったが、体型の上ではほとんど蒙古人と断定してよい諸性質を示している。これが匈奴か烏桓《うがん》か鮮卑かという議論は歴史家にゆずって、とにかく本例は文化と体質との食い違いを示す一例として甚だ興味深いものがある。（赤堀英三「蒙古高原の古代人骨」一九四一、二七五頁）

モンゴル高原の遊牧民が南下し、漢の生活様式に接した人物ではないか、と赤堀は示唆している。漢の生活様式からの影響を受けたとする根拠は「黒灰色の漢式土器」と紅色土器が人骨と共に出土していた点である。

第二次世界大戦後の一九五〇年五月、鈴木誠がふたたびこの百霊廟の古人骨に関する研究を

『人類学雑誌』に掲載した（写真4-7）。鈴木によると、江上らの後に島五郎もまた同地を訪れ、「灰黒色土器二個と小児骨等を採集していた」という。合計三体の古人骨を鈴木は分析の材料としている。頭骨をヨーロッパの研究者の方法に即して詳しく計測した結果、「頭蓋大きくして低く且つ顴骨の張った現代蒙古人に甚だ近い性質をもっているが、現代北中国人の体質には遠い」との結論を導き出している。

管見の限り、内モンゴルの古人骨に関する日本側の研究もこの論文が最後となったようである。そして、江上らがシリーンゴル草原の百霊廟から収集した古人骨は今も、東京大学に保管されているはずである。

ネストリウス派教会からチベット仏教の寺院への変遷

実は、江上らは一九三八年にオロンスメ遺跡から大量のモンゴル語写本の断片を見つけていた。オロンスメとは、モンゴル語で「多数の寺院」との意味である。その興亡には以下のような歴史がある。

モンゴル帝国時代のネストリウス信徒たちはトルコ系のオングート部族であった。オングートはモンゴルにいち早く帰順したことで、チンギス・ハーンは愛娘のアルハイ・ベキをその王家に降嫁させた。その後もオングートは元朝の諸王と通婚し、「北平王」や「高唐王」の称号を与えられる名望家だった。歴代の王は都市を建設し、城内には教会も建った。

モンゴル人が長城の南からユーラシアの草原部に帰った後、廃墟と化したオングート家の王府址にチベット仏教の寺院が多数建てられた。かつてのネストリウス信徒の墓石を建築材として利用した寺院群で、それがオロンスメである。そのオロンスメの僧侶たちが使っていたチベット仏教の経典類が日本人考古学者によって発見されたのである。

しかし、そうした一五、一六世紀のモンゴル語写本断片は、江上にとっては「時代的に新し過ぎた」ので、彼はほとんど関心を示さなかった。戦後になっても保管場所がわからないままだった。ところが、ドイツが生んだ世界的なモンゴル学者ワルター・ハイシッヒはそれに興味を抱き、一九六二、六六年と二度にわたって来日して調査を進め、ついに東京大学構内のボイラー室から発見する。そして、二冊もの大著『内モンゴルオロンスメ将来モンゴル語写本断片』が生まれたのである。これは『モンゴルの歴史と文化』として邦訳され、岩波文庫の一冊となっている。

ハイシッヒの研究で、モンゴル語写本断片の中には「入菩提行論」等貴重な文献が含まれていたことがわかった。従来、一五、一六世紀のモンゴル語の典籍は非常に少なく、一時は「文化史上の暗黒時代」とも称されていたが、オロンスメの古文書の発見はそうした言説を完全に否定した、意義の大きいものであった。はるか西方から伝わったネストリウス派の教会がチベット仏教の寺院に変化していくこと自体、ユーラシア規模での文化交流を物語る歴史である。江上らが将来したモンゴル語写本断片とその他の文化財は現在、ほとんどが東京大学東洋文化研究所と横浜ユーラシア文化館に保管されている。

天皇陵とチンギス・ハーンの陵墓

その後、江上は一九九〇年に内モンゴル自治区のオロンスメ遺跡を久しぶりに再訪し、発掘を打診したが、中国政府から拒絶された。折しもソ連邦が解体し、モンゴル人民共和国も社会主義制度を放棄して資本主義へ移行しつつあったので、彼は冒険の天地を新生のモンゴル国に求めた。チンギス・ハーンの陵墓探しである。讀賣新聞の協賛を得て、日本の一流の考古学者たちを糾合したこの計画は、チンギス・ハーンゆかりの三本の聖なる河、すなわちケルレン河とオノン河、それにオルホン河に因んで、三河《グルバン・ゴール》プロジェクトと呼ばれていた。

チンギス・ハーンはモンゴル人にとって民族の開祖にして聖なる神である。当然ながら、モンゴルでは民族主義の炎が燃え上がり、猛反対に遭った。私自身も、もしも本当に陵墓が見つかって発掘するようなことになれば、民博での学業を中止し、すべてをなげうってでも日本とモンゴルで阻止運動を開始するつもりでいた。

日本の考古学者たちはよく「学問の進歩のため」「考古学の発展のため」といった美しい言葉を掲げて、虎視眈々とチンギス・ハーンの陵墓に手を出そうとする。しかし、彼らは決して日本国内の天皇陵とされる遺跡に鍬を入れようとしない。宮内庁所管の遺跡には近づくことすら許されていない。他国や他民族にも日本と同様に神聖な存在やタブーがあることを、日本の考古学者たちは認識しなければならないはずである。

モンゴル人にとってのチンギス・ハーンは、日本人にとっての天皇と同じと言ってよいだろう。チンギス・ハーンは決して「モンゴルの英雄」や羊肉料理の名前ではなく、神聖な存在であることに、日本の学者たちと知的な市民も気づくべきではないだろうか。「天皇」という言葉を料理の名に使わないのと同様に、チンギス・ハーンを食品名に用いるのも止めてほしいものである。

チンギス・ハーンと元朝の歴代皇帝《ハーン》の陵墓がどこにあるか、モンゴル人は知っている。墓のある草原一帯はユーラシア諸民族の聖なる祭祀の場所である。日本の考古学者たちも他人の聖域にまで闖入してはいけないのである。

二〇〇五年夏、オロンスメ遺跡附近の古墳から女性のミイラが掘り出された。地元政府は考古学関係者に大金を渡してそのミイラを買い取り、モンゴル人女性の服を着せ、「チンギス・ハーンの王女——アルハイ・ベキの遺骸」として展示し、観光客の世俗的好奇心を集めた。しかし、そうしたやり方はモンゴル人の抗議を招き、翌年の春には中止せざるを得なかった。

人骨もミイラも、決して命の途絶えたモノではなく、その生前の人格に対して後世の人間も敬意を払わなければならない、と私は理解している。

第5章

人類学者は草原で何を見たか

——帝国日本の「モンゴロイド」研究

医学者・人類学者の横尾安夫は地球上の人類を4種に分けた．自身が南モンゴル草原で撮った写真を頻繁に使用していたが，その学説には早くから動揺が生じていた．横尾安夫『東亜の民族』(1942)より．

モンゴルという広大なフィールドワークの天地を確保した日本の人類学者たちは、自由に草原で調査をし、豊富なデータを手に入れ、さまざまな学説を発表した。本章ではモンゴル人に対しておこなった生体計測から得た情報を元に展開された「人種」研究についての諸説を紹介する。さらにその背後にある思想的変遷を探る。

診療と生体計測　医師・人類学者横尾安夫の記録

既に触れたように、江上波夫を中心とした東亜考古学会のモンゴル調査班には、人類学者の横尾安夫が加わっていた。横尾は『蒙古高原横断記』に「内蒙古の人々」という一文を寄せている。横尾の文には四名のモンゴル人の正面と側面の写真が入っている（写真5－1）。日本に留学してきた直後に同書を手に取った私は、実に奇妙な気持になった。巻頭の七十数枚の写真は中国によって抹消されたモンゴルの伝統的な歴史文化と、粛清される前のモンゴル人たちの生き生きとした姿が活写されている。江上らの日誌にも、中国に占領される前の幸せなモンゴル人遊牧民の暮らしが描かれている。一方で、人間に番号《ナンバー》を付けて撮影するのもまた中国における政治犯の扱い方とまったく同じであり、日本の調査隊の振る舞いが気になった。

では、横尾はどのようにモンゴルを旅し、いかなる方法でデータを集め、どんな「人種学」的情報を収集分析したのであろうか。『蒙古高原横断記』内の日誌は、彼の行動と役割を記録して

写真 5-1 「蒙古人(男性)の顔貌」とする横尾安夫の写真．彼はこの数枚の写真を他の論文でも使い続けた．『蒙古高原横断記』より．

いる。

横尾は、自分を医者だと明確に位置づけていた。調査隊は旅の道中に臨時の診療所を設けてはモンゴル人の診察をおこない、同時に身体を測定する方法を取った。医療衛生状況が近代化へ脱皮できていなかった草原部では、日本人や西洋人の探検家や旅行者は皆「医者」と見なされ、「即効性」の高い西洋の薬をもらいに、モンゴル人はいつも大勢集まっていた。

一九三一年七月二三日、一行は貝子《ベイス》廟に滞在中に「支那商人」から家屋か天幕を借りて診療所を設けようとしたが、冷たく断られた。もてなしの文化を持たない中国人は他人に物を簡単に貸すことはまずない。「そこで馬車で四囲を囲んで仮診療所を造った」後、

「八時頃から患者がつめかけ、横尾、竹内は応接に忙しい。治療と同時に顔面の計測をする」。二四日になると、「朝六時半頃に患者が診療を受けに来ていた。横尾と竹内は早速治療と顔面測定に従事した」。皮膚病と肩凝り、そして眼病が多く、軟膏を配ったりした。診療と計測は夕方まで続いた。

翌二五日には貝子廟に祀りがあったため、さらに多くのモンゴル人がつめかけてきたので、「横尾と竹内は忙殺された。既に約五十人の生体計測が出来た。今日の患者は胃腸障害・トラホーム・脚気・肩凝り・梅毒その他皮膚病を主とし、珍しく肺結核患者もいた」。

医療衛生の面でひどく遅れていたモンゴル社会を見て、横尾はその「みじめさに強く心を打たれた」。二七日の「十一時頃、ある僧侶の家から往診を懇願され、横尾は馬に乗って、オルドン・トロガイ西麓の一僧房に到った。僧房の赤い厳重な木扉の中には、腎臓炎を病む身動きの不自由な高僧が端座して横尾を待ち侘びていた。こうして診療を求められるたびに、「蒙古に於ける医療機関の欠如と、それに対する応急の施設の必要が痛感された」そうである。

八月に入ると、一行は東浩斉特《ホーチト》王府に滞在した。

八月二日。今日も雨が朝から降り続いている。風は稍々《やや》穏になった。然し非常な寒さで包《パオ》の中でさえ華氏四十六度に降った。……横尾と竹内は時々来る患者の診療と生体測定のために起き上らねばならなかったが、皆は殆ど横になっている。患者の年齢を質《たず》ねると半分以上知らない。眼病・肩凝り・手足の湿疹・胃病等が多い。一老婆が若い娘を二人連れて来て、まず自分から進んで萎びた乳を出して胸部を診てもらい、恥しがる娘達にも診察して貰うように説き聞かした。娘達は顔面は陽焦して赤銅色であったが、衣服に隠された皮膚の色は紅味を帯びた乳白色で、欧米人の膚を想わせた。横尾は診察以外に、二、三人の生体測定を行った。（東亜考古学会蒙古調査班編『蒙古高原横断記』一九四一、一〇一頁）

王府での王女との出会い

診察と治療は夜まで続いた。翌三日の朝、一行は王府で王女に出会い、その気品ある態度と優しさに感動を覚えた（写真5－2）。

写真5－2　南モンゴルシリーンゴル盟東ホーチト王の王女．『蒙古高原横断記』より．

> 王女は十六歳で、細瞼の美しい、頬の青白い秀麗な容貌の上に如何にも温和な気品のある態度が王女の名に適《ふさ》わしかった。王女が見えると、牛や羊を屠殺する恐ろしい奴婢さえ人柄が変ったように温順《おとな》しく恐れ入って膝を折って敬礼し、王女に侍《かしず》くのが非常に嬉しいことのように立働いた。横尾は王女の手をとって調べて、その瘤は皮下組織の変質らしいから少しも心配する必要はないが、北京か奉天に出る機会があつたら、そこの外科医に截って貰ったらいゝと説明した。王女は診察中ずっと片膝ついて無言でいた。……
>
> 九時愈々《いよいよ》出発。王女は従者に大きな渋色の傘をさゝせて日光の直射を避けなが

ら、王爺の名代として役所より二、三町先きまで我々を見送られた。燦々たる陽光のふりそゝぐ緑野に多くの従者を随えて緩やかに進む王女の行列は、ロマンティックな童話の国の一場面《シーン》の如く想えた。(同、一〇四―一〇五頁)

調査団のこの文章を読み、いかにも気品を漂わせた王女の写真を見た私は彼女のその後の人生が気になり、追跡調査を進めた。私が得た情報では、「乳白色で、欧米人の膚を想わせた」王女はその後まもなく亡くなったらしい。ただ、彼女の妹も日本人調査団を目撃していたことがわかった。王女の妹は二〇一五年頃まで健在だったそうである。

「頬の青白い秀麗な」王女と別れた後、横尾は以下のように観察日誌を綴った。

「蒙古人の情緒は支那人程複雑な表現を持っていない。単純率直と云えるようであって、我々日本人には接し易い」という。また、「人種学」的観点からすれば、その特徴は次の通りである。

蒙古人は日本人よりは身長が高いけれども、西方土耳古《トルコ》系民族や北部支那人よりは多少低いように見える。しかし頭部は此等に劣らず、顔や頭の幅は寧ろ此等よりは大きい。従って身長の割には頭が大きく顔も大きい。頭示数は八三位で所謂短頭に属する。……肌を見ると寧ろ乳白色である。(同、三〇一頁)

このように、道中の観察が「研究成果」として実っていることがわかる。たった数日間の観察ではあるが、横尾はとにかくモンゴル人の「欧米人のような白い肌」に注目していたように見受けられる。

人体測定の外に、百霊廟滞在中に一行はまたモンゴル人の指紋を採集していた。

午後、我々は児童を包《パオ》に呼び集めて指紋を採った。皆可愛らしい子供達だ。垢だらけの手にスタンプインクをつけられて不思議そうな顔をしていた。一番先に済んだ児が我々の側に坐って、他の児童達に注意を与えたりして秘書役を勤めた。その内に子供達は熊の掌のような手の平だけ垢を洗い落として来た。明瞭に指紋を採らせるようにとの彼等の心遣いで、そのいじらしさには心を打たれた。

指紋のお礼にキャラメルと風船笛をやったが、その返礼に子供達が虱を沢山置いていったのには閉口した。（同、一九四頁）

調査団が集めた指紋情報はその後、『人類学雑誌』第五二巻第二号で発表された。

モンゴル人に関する「人種学」的研究の基礎

横尾は一九三四年春、『人類学雑誌』に「蒙古人の研究」と題する学術論文を二本、公開した。同誌の巻頭には、後の『蒙古高原横断記』に掲載された写真も「蒙古錫林郭勒《シリーンゴル》の蒙古人」として載っている（写真5－3）。

「内蒙古・外蒙古と一般に呼ばれて居る地方の原住民族については体質人種学上の文献はあまりない」と断った上で、横尾は先行研究をていねいに整理している。ヨーロッパの研究者たちは主としてヴォルガ流域に暮らすカルムイク・モンゴル人を対象としているが、かれらは一六三〇年から一七〇三年の間に中央アジアから西へ移動した人々の子孫である。そのため、人類学者たちはまた、カルムイク・モンゴル人が移動する前に遊牧していた新疆北部のタルバガタイでも調

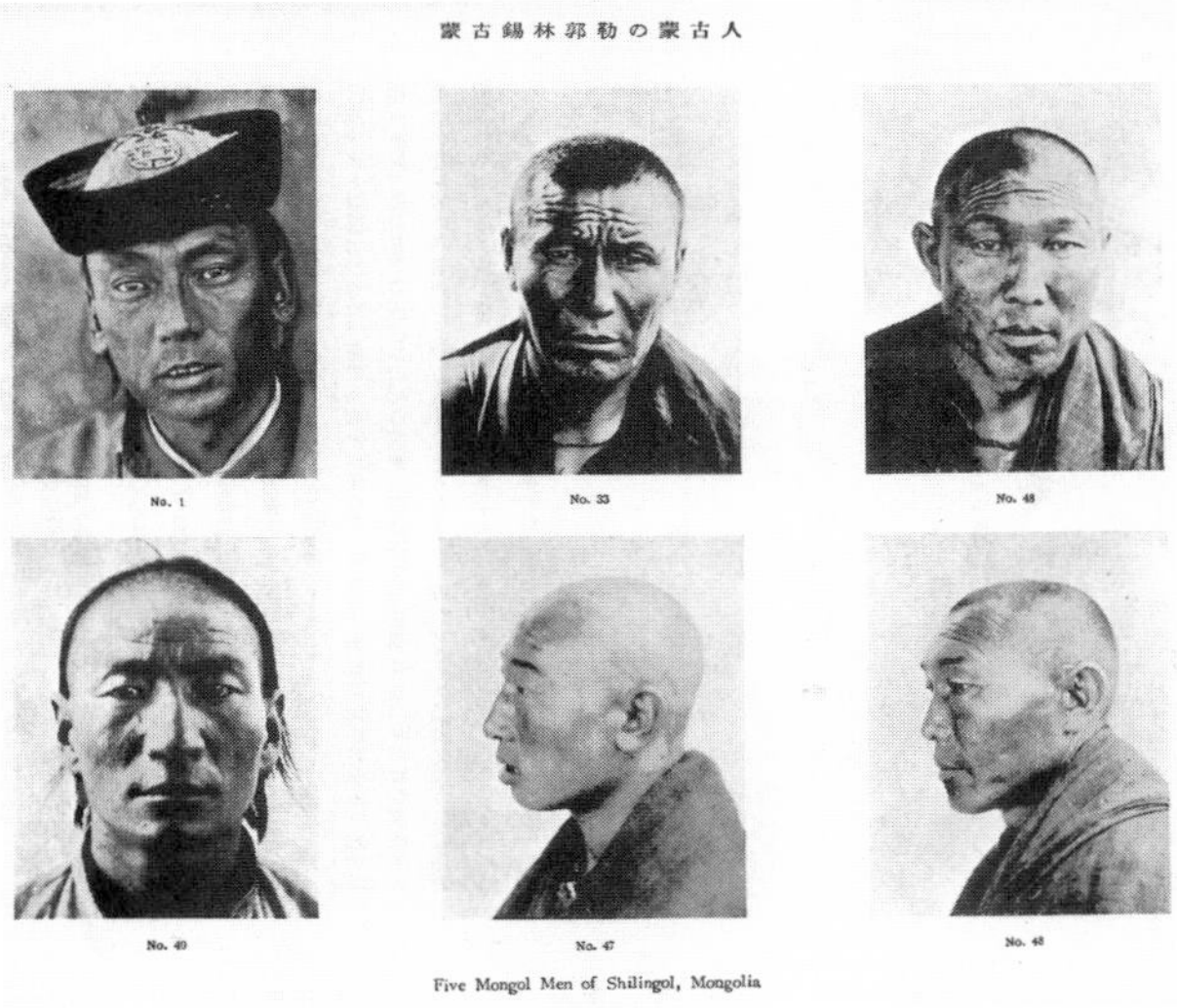

写真 5－3　蒙古錫林郭勒の蒙古人．前掲写真 5-1 の一部が再度使われている．『人類学雑誌』第 49 巻第 3 号より．

査をおこない、東西間の体質上の差異について比較している、と紹介している。しかしヨーロッパの研究には、モンゴル高原東部、すなわち内モンゴルと外モンゴルに関する情報は少ない。

横尾はまた、江上たちと共に「蒙古高原を横断」した際の生体計測について、詳しく振り返っている。少し長いが、その後の日本のモンゴル人に関する「人種学」的研究の基礎となる論文なので、以下に引用しておこう。

　東蘇尼特《スニト》旗では計測の機会がなかったが、此処から東行して阿巴嘎《アバガ》、阿巴哈納爾《アバガナル》、東浩斉特《ホーチト》各旗を経過して林西に出るまでに七四名を観察記録する事が出来た。就中《なかんずく》特に多いのは阿巴哈納爾旗の貝子《ベイス》廟のもので約六〇名に達する。貝子廟は当時阿巴哈納爾旗の王府であったが、恐らくは一〇〇〇名の僧を居住せしめ得る程の僧房を両翼に持つ規模広壮の喇嘛《ラマ》寺である。此寺の後方に天幕を張って約一週間滞在し、主に僧侶、其外は王府の役人や遠近の蒙古部落民の来診せるものに施療を行いながら計測した。他の旗では常に其王府で貴賓として二、三日滞留中に役人や兵を計測したのである。此地方にも南察哈爾《チャハル》土人の旅行せるものに会うが、此等は上例から除外されて居る。此七四名中男子が七三名で、其内実際に計測を行ったものは六九名であって、余の四名は記載事項を記録し得た丈である。年齢は二〇―七九歳間を往来し、二〇歳台のもの一七名、三〇歳台のもの二四名、四〇歳台のもの一〇名、五〇歳台のもの一四名、六〇歳台のもの三名、七〇歳台二名で、年齢の数え方は全く日本に於けると同様である。

錫林郭勒《シリーンゴル》を旅行中に特に注意を惹いた事は人煙極めて稀に全くの遊牧民の生活を行っておる事である。この放牧は此地方許りでなく、南部察哈爾《チャハル》の支那人と雑居して居る地方でも、支那人が農耕をしている隣で行われて居るのであって、民族の習性の根強いのに驚かされる。性質としては特に僻遠の蒙古人でない限り客を好み開放的であるから計測も不可能ではない。併し婦女子の計測は計測者が婦人でない限り不可能であろうと思われる。(横尾安夫「蒙古人の研究　其二」一九三四、八四頁)

このように、横尾は診療しながら計測し、あるいは「王府の貴賓」として質の高いデータを得ていた。来客を歓迎し、もてなしの伝統文化を有するモンゴル人だが、女性の計測だけは困難だったと記している。

阿巴嘎《アバガ》や阿巴哈納爾《アバガナル》、それに浩斉特《ホーチト》といった漢字で表記されているのは、モンゴルの行政組織「旗《ホショー》」である。これらの名前についても説明しておこう。

アバガとは「叔父」、アバガナルはその複数形で「叔父たち」を指し、ホーチトとは「元《もと》」や「根本」との意である。「叔父」や「叔父たち」は、チンギス・ハーンの父かその弟たちの率いていた集団からなる。ホーチトとは、大ハーン直属の「元チャハル部」を意味している。つまり、シリーンゴル草原の各集団は、モンゴルの大ハーンかその近親たちに直々に属する民族だったということである。

横尾によると、モンゴル人の頭髪は「黒色で剛直」、「体毛は一般に希薄で腋窩で観察したところによると寧ろ日本人より尠い様に思われる。鬚髭なども見られぬ事はないが貧弱である」という。皮膚の色もヨーロッパ人より黄色の色調を帯びているが、実際は乳白色である。したがって、「蒙古人即黄色人種という概念は妥当ではない」と結論づけている。

たとえば、東蘇尼特旗で出会ったブリヤート・モンゴル人の場合、顔貌はモンゴル人だが、皮膚は北欧人のようで、眼の虹彩は灰青色でヨーロッパ人を彷彿とさせる。男子の平均身長は一六四・〇一センチで、その割には頭が大きい。頭最大幅は満洲人のより大きく、「北支那人、朝鮮人に類似して居る」。体格を見ると、肥満し脂肪が沈着している者はほとんどいない。「蒙古人の生活は放牧にあるから動物と起居を共にしていると云ってよく、その動物の肉、乳乃至は茶などが主要な食品であり、入浴することは殆どないから一種の独特の体臭がある」と書いている。

また、モンゴル人は中国人と隣り合って暮らしていても、決して遊牧を放棄しなかった。遊牧を止めて定住生活に入るのは堕落した生き方だという価値観を有していたからである。その点について、旅行当時の横尾はまだ完全に理解していなかったと思われる。

今日、内モンゴルのモンゴル人がほぼ全員定住したのは、自分の意志からではなく中国政府による強制と中国人農民が草原を奪ったからである。日本の支配が崩壊した後、モンゴルが中国の植民地に転落するとは日本人たちも想像していなかったことだろう。

黄色人種＝「類蒙古人種《モンゴロイド》」への疑義

モンゴル草原で実際にモンゴル人たちと出会って観察し、綿密な生体計測を実施した横尾は、最終的に「蒙古人即黄色人種という概念は妥当ではない」との結論を得た。そして、次第にヨーロッパの人類学者たちが提唱する「人種学」の理論を疑うようになっていった。彼は一九三九年八月、『人類学・先史学講座』に「蒙古人」という長い論文を載せ、「蒙古人種」や「類蒙古人種《モンゴロイド》」という言葉は慎重に使わなければならないと論じている。

これまでも触れたが、日本では当時、東京帝国大学のドイツ人教授ベルツが用いて広げた「蒙古斑」という言葉が独り歩きしていた。日本人も含めて、黄色人種はまた蒙古人種、「類蒙古人種」と呼ばれ、蒙古人種には皆、「蒙古斑」があると見られていた(写真5－4)。鳥居龍蔵もそうした学説に賛同していた。

しかし、横尾は「蒙古斑」をめぐる言説に慎重だった。「往年独逸《ドイツ》から招聘された青年医ベルツは日本人幼児の臀部の青斑を簡単に「蒙古斑」と呼んだ。決して蒙古人其物について確めたわけではない」と、横尾は単純明快に反論している。横尾の眼には、その学説の流行は、日本の学界と日本社会が、モンゴル人と東アジア諸民族に関する十分な人類学的知識を持っていないこと

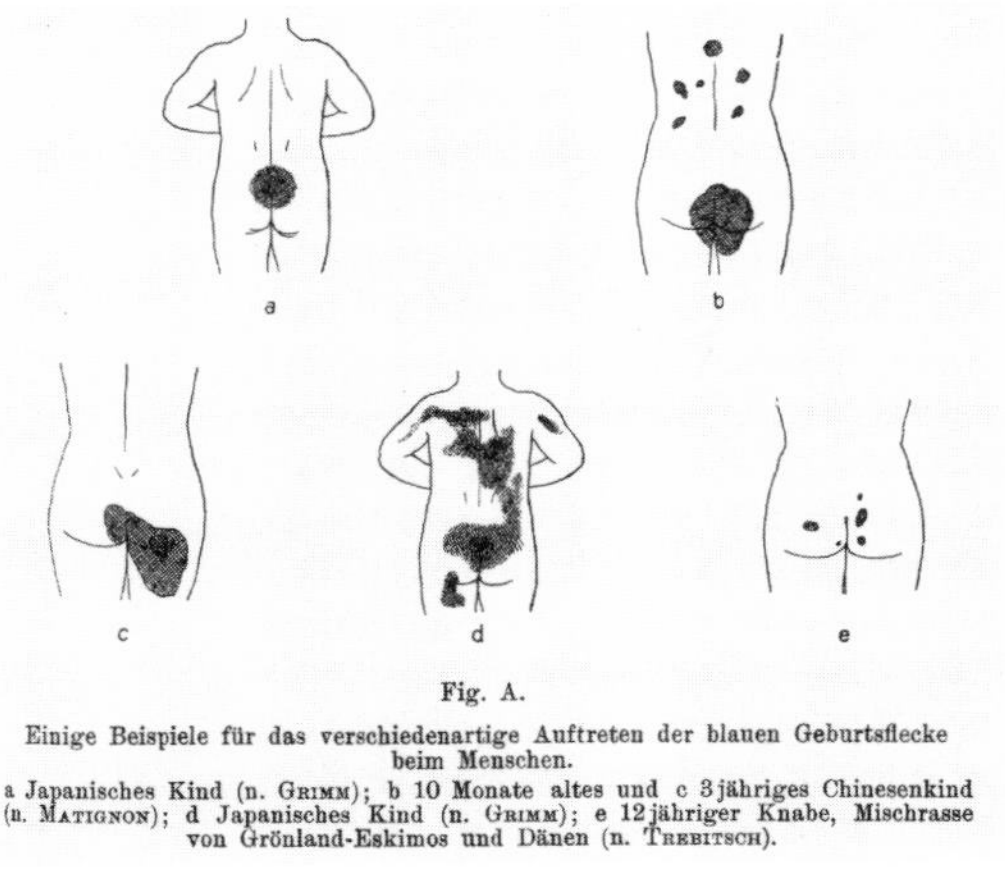
a
b
c
d
e
Fig. A.
Einige Beispiele für das verschiedenartige Auftreten der blauen Geburtsflecke beim Menschen.
a Japanisches Kind (n. Grimm); b 10 Monate altes und c 3jähriges Chinesenkind (n. Matignon); d Japanisches Kind (n. Grimm); e 12jähriger Knabe, Mischrasse von Grönland-Eskimos und Dänen (n. Trebitsch).

写真 5-4 さまざまな「黄色人種」の「蒙古斑」. Michael Keevak 著『成為黄色人』より.

の現れとして映っていたのであろう。

横尾はさらに語る。

「蒙古人という言葉で表わす意味は、蒙古民族という言葉の意味と一致する。蒙古沙漠ゴビ地方を中心とし、蒙古語を操り、移動包に住み、肉及乳茶を常食とする、所謂蒙古服を着用している民族である」。そのような文化を共有するモンゴル人は分布が広いので、体質上は決して一様ではない。広く分布して暮らすようになったのは、元朝帝国を打ち立てた歴史と無縁ではない、と横尾は分析している。そのため、モンゴル人の体質は中央アジアのトルコ系諸民族と近親関係にある。以前の人類学者たちはよく「長頭民族」や「短頭民族」という言葉を使って人種を分類し、モンゴル人は典型的な短頭民族とされる。しかし、そのモンゴル人の短頭は実は「中欧人に類似」している、と横尾は理解していた。

モンゴル人はトルコ系諸民族と共にヨーロッパに攻め込んだことがあるので、かの地の住民に呪詛されて来た。その呪詛から恐怖観念と差別は生じる。精神疾患を「蒙古白痴」と呼ぶのは典型的な事例である。「蒙古皺襞」や「蒙古斑」という表現にも差別意識が見え隠れする。

然しか様な議論は欧洲人と蒙古人と丈を列べて、欧洲人の方が精神的に高等な発達を遂げて居るという事を前提として始めて出来る事であって、形の上の人類進化という純理的な根拠は何一つないのである。……若し一方が下等ならば、他方が高等でなければならず、どちらにしても、中庸の欧洲人が形の上で最も高等とは云えない筈である。然し筆者は不幸にして今日までこんな議論は聞いた事がない。欧洲人に較べれば蒙古人は云々の点で下等であり、また欧洲人に較べて黒人はかくかくの点で劣等であるという議論丈の様に思われるのは、敢えて筆者の感想ではあるまい。（横尾安夫「蒙古人」一九三九、一四六頁）

皮膚の色を重視し、まるで絵の具のように皮膚の色を基準にして、人種を白色・黄色・褐色・銅色・黒色とする議論が世界的に広がることに横尾は反対であった。入浴を好まない「蒙古人の身体は垢だらけ」だが、「肌の色を見ると寧ろ乳白色」であり、黄色人種の代表にモンゴル人を当てて、「蒙古人種」と呼ぶのは間違いである。「蒙古人は黄色人種を代表するものとしては不適当」だ、と明確に論破している。

現地調査に基づき欧州由来の人類分類法に挑戦した横尾

人間の肌の色に違いが生じたのは、色素細胞の欠乏による、と横尾は繰り返し主張する（写真5-5）。これは、当時としては挑戦的な、ヨーロッパの人類学者の人類分類法に対する真っ向からの否定であった。ユーラシアの東西にわたって広く分布するモンゴル人は「ユニークな存在」であるが、彼らの体質を調べれば調べる程、人種論は無意味だ、と横尾は指摘している。

人種論だけでなく、生業にも優劣はない、と横尾は唱えている。

モンゴル人は遊牧生活を営むが、だからといって、「農耕の漢民族の能力より劣っているわけではない」。これは実に穏当な、実証研究に基づいた学者らしい指摘であろう。というのも、一部の研究者は当時、マルクス・エンゲルス流の発展段階論に即して、遊牧は「封建社会の残滓」で、遊牧民は定住して農耕に移行すべきだと、モンゴル人と遊牧を低く評価していたからである。

その後、中国共産党に近い学者たちが日本の研究者たちの差別的な思想を受け入れ、政策的にモンゴル人の遊牧を絶滅に追い込んでいった。マルクス思想の発展段階論とダーウィンの進化論を学んだ中国の知識人たちは、自分たちは白人ほど「進歩」していないが、中華周辺の「東夷南蛮北狄」よりは遥かに優れている、と再解釈したのである。

横尾の見解を支えていたのは、彼が実地調査で得た、豊富な計測情報と経験である。「日本人

Fig. 1. YELLOW MAN.
(A Japanese Priest.)

Fig. 2. BLACK MAN.
(A Congolese Negro.)

写真5-5 日本人を黄色人種の一例として挙げ，黒人と対比したヨーロッパの人類学者の写真．*The Mongol in Our Midst* より．

なら誰でも医者」と見られていた時代において、横尾は本当の医者として、分け隔てなく診療し薬を配った。「蒙古人の性質として誰でも純朴、親切、温順、正直などを挙げる。……支那人部落では到底こうした旅人への人情を期待することは出来ない。それどころかただ突っ立って我々の野宿を見乍ら、何処でも其処いらにある食物を買い求め様としても、只無い無いと応じない態度には随分むかっ腹を立てた事すらあった」。

こうした現地経験は、民族とは何か、民族精神とはどこから来ているのか、という視点につながり、空虚な人種論を越えた民族文化論へと発展していったといえるだろう。

高まる「蒙古人種」への関心と研究

モンゴルを旅行し、生体計測を実施して大量のデータを採ったことからヨーロッパの理論を相対化し、批判し始めた横尾と異なる方法で、他の人類学者たちもさまざまな角度から「人種学」研究を進めて行った。

一九四一年二月号『蒙古』誌に西村眞次の論文「人類学上の蒙古人及び蒙古文化（一）人種学上から見た蒙古人」が掲載された。『蒙古』は財団法人善隣協会の機関誌で、モンゴル草原で調査研究した研究者たちが、報告書や国際モンゴル学界の最新の動向を紹介する斬新な雑誌であった。

西村は論文の冒頭で次のように述べている。

地理学的にも、史学的にも、人種学的にも、「蒙古」乃至「類蒙古的」という語彙は、非常な

> 興味と同時に種々の問題を提供する。一例を人種学的範囲に取って云えば、「類蒙古的」(Mongoloid)とか、「蒙古的」(Mongolicus)とかいう語彙は、世界の文化乃至人種を三つに分けて、其一つを言い現わす為めに用いられている。人種について云えば、人類はエチオピア人種(Homo aethiopicus)、蒙古人種(Homo mongolicus)、及びカウカサス人種(Homo caucasicus)の三つに別けられるが、前者は黒人種を、中者は黄人種を、後者は白人種を意味しているから、これを地理的分布に結合して表現すれば、アフリカ、亜細亜、ヨーロッパという風になる。(西村眞次「人類学上の蒙古人及び蒙古文化 (一)人種学上から見た蒙古人」一九四一、四三頁)

西村は明らかにドイツを代表とするヨーロッパの一八〜一九世紀の古い人種論に依拠しており、肌の色でもって人類を三つに分類し、アフリカとヨーロッパ、それにアジアという三大洲の住民に当てはめる方法であるから、彼の見解がもはや横尾に及ばないのは自明であろう。

西村は、ヨーロッパの学者たちの見解に沿ってユーラシアのモンゴル人を東西二つのグループに分ける。東のグループには、北からブリヤート・モンゴル人とハルハ・モンゴル人、そして内モンゴル人が含まれる。西はジュンガル盆地(新疆北部)からヴォルガ流域のカルムイク・モンゴル人の草原にまで至る。皮膚は「白薔薇色」、「ひどい広頭」で、西へ行くほどタタールなどトルコ系諸民族との混血した影響が顕著になっていくという。つまり、言語の面ではモンゴル語を操るが、体質上はタタール化していると述べ、一方、東方のモンゴル人はツングース系諸民族との混血の影響も見られる、としている。

現代のモンゴル人の体質学上の特徴を他のモンゴロイド(類蒙古)と比較した結果を用いて、西村は歴史についての仮説を出している。「支那人が匈奴と呼んだ種族」はおそらくトルコ・タタール語を話す人々で、彼らは西に移動してアティラの率いるフン族へと発展していった。一二〜一三世紀にモンゴル人が勃興すると、彼らの政治的優位性が確立されたので、「蒙古的特殊頭型」も広がっていった、と論じている。

今村、島、清水らによる満蒙フルンボイル高原調査

頭型に注目してはいるが、西村は実際にモンゴル人を捕まえて測っているわけではない。実際に緻密な計測を進めた人類学者は今村豊と島五郎、それに清水忠経らである。

今村豊と島五郎(いずれも前掲写真2-5参照)は、まず一九三四年から四年間にわたって満蒙のフルンボイル草原で実地調査を進めた(地図3)。本人たちによると、「調査費用の大部分は京城帝国大学満蒙文化研究会並びに服部報公会に仰いだ。現地に於ては関東軍、満洲国軍、同官憲、満鉄、国鉄及び地方有志の方々から多大の援助を辱《かたじけの》うした」そうである。彼らの研究成果は一九三八年に京城帝国大学満蒙文化研究会報告第四冊「蒙古族及び通古斯《ツングース》族の体質人類学的研究補遺 其三」と「北満諸民族の体質人類学」として結実した。

今村と島の現地調査は生体の計測を中心に進められた。「兵士、警察官を除けば、満洲族以外の通古斯族に於ては、未だ明かな職業的分化は行われていない。蒙古族では兵士及びこれに準ずる警察官と喇嘛《ラマ》僧及び一般人との種類になり、一般人の間では通古斯族同様に未だ分業が行われていない」ので、兵士と警察官は上官の命令に従い、ラマ僧も官憲の前では従順にならざるを得

地図3　今村豊と島五郎の調査地域.「蒙古族及び通古斯族の体質人類学的研究補遺 其三」より.

ない。調査隊員たちは兵士や警察の力を借りて、モンゴル人の頭に計測器を当てることができたのだろう（写真5－6）。

南モンゴル南東部に位置するフルンボイル草原には、複数のモンゴル人のエスニック・グループとツングース系の諸集団が暮らしている。調査隊はジェリム盟のモンゴル人を「喀爾喀《ハルハ》人」と呼び、バルガ人は「未開人」になると断じているので、この点から既に民族学的知識がきわめて貧弱だった実態を露呈している。ブリヤート人はシベリアから逃亡してきたモンゴル系集団で、ツングース系のソロンとオロチョン、シベ族と雑居していたのである。

今村たちは、発毛状態と毛髪、皮膚と虹彩の色調に関する精密な統計データは満足できるものではない、としている。自分たちの研究の成果によると、モンゴル人とツングース系諸民族の毛髪と皮膚、それに虹彩の色調は「日本人より弱く」、その傾向は北に行くほど顕著になる。このように淡色調の原因はロシア人との混血に帰すことができるという。

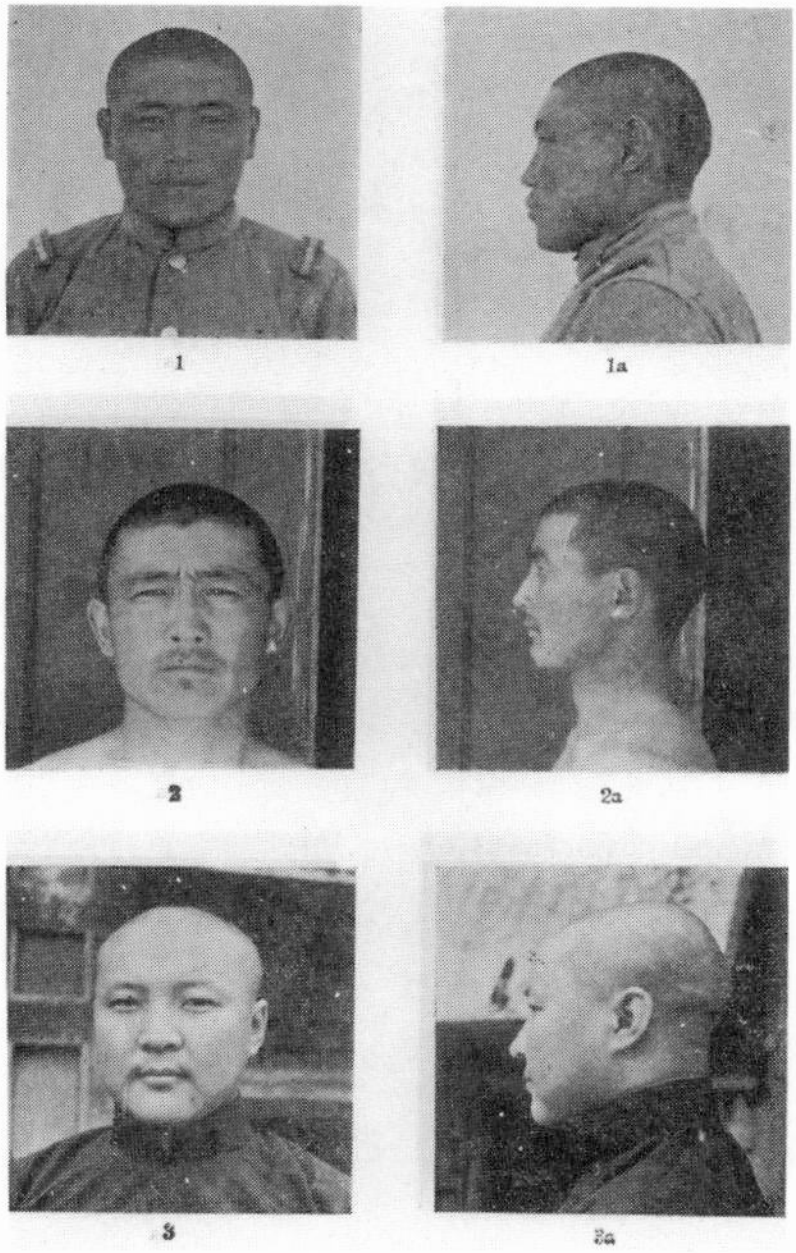
写真5－6　今村豊と島五郎が計測したモンゴル人兵士と警察官たち．「北満諸民族の体質人類学」より．

四年間にわたって継続的に調査した結果、今村豊たちは北満諸民族の体質学的特徴を「蒙古型、鄂倫春《オロチョン》型、達呼爾《ダウール》型及び満洲型」に分類して結論づけている(写真5－7)。「蒙古型は身長中等大、全体として朝鮮人と大差なきも、四肢殊に上肢が絶対的、相対的に長い」。これに対し、「オロチョンは身長が低い」。ダウールも朝鮮人一般と近い、という。しかし、こうした膨大な数字データから得られた結論に、どんな意義があるのかについては、著者らは決して明確に示していない。

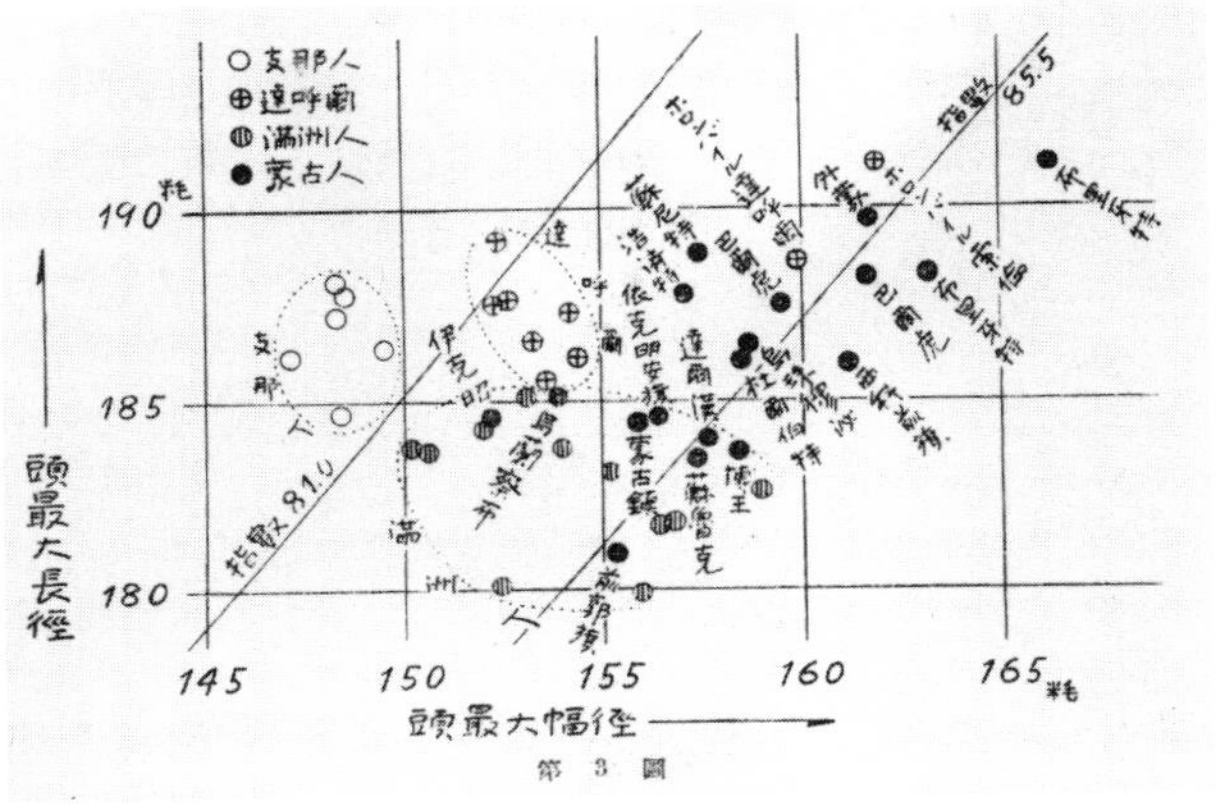

写真5－7 モンゴル人の地方型及び隣接する諸民族との比較.『人類学雑誌』第57巻第8号より.

「蒙古人頭骨」はどのように獲得されたのか

島五郎たちの成果はさらに、「日本人類学会人類学叢刊」シリーズとして一九四一年六月から翌年六月にかけ、相次いで公刊された。島の『蒙古人頭骨の研究』(一九四一年六月)(写真5－8)は「甲 人類学 第二冊」、大西雅郎と鈴木誠共著の『蒙古人、支那人及び朝鮮人頭蓋諸骨の人類学的研究』(一九四一年九月)は「甲 人類学 第三冊」、清水忠経の『喀爾喀族蒙古人女子の体質人類学的研究』(一九四二年六月)は「甲 人類学 第四冊」である。

ちなみに「甲 人類学 第一冊」は坪井正五郎の編著『じんるいがくのとも じんるいがくくわいよりあひのかきとめ』であり、「乙」シリーズは考古学であった。そして、「甲」シリーズも四冊で完結したと聞いている。

初めて「日本人類学会人類学叢刊」のこの三冊を手に取って読んだ時、私は収録されている人骨の写真と頭型の図版に強烈な違和感を覚えた（写真5-9）。私たちモンゴル人の頭がどんなふうに計測されたのか。何故日本人は、他人の頭を測るのか。そもそも頭部の計測という行為自体が、どうして可能だったのか、と摩訶不思議に思った。

というのは、モンゴル人は自分の頭に他人が触れることを極端に嫌がるからである。たとえ家族同士であっても、同じ世代の人間同士で、特に異性が互いの頭部に触れることを極力、避ける。目上の人が児童の頭を撫でるのも、特別に親しい間柄にのみ限られる。家事をしていた母の手がうっかり父の頭にぶつかった時、父が物凄い剣幕になっていたのを子どもの頃の私は目撃したことがある。何もそこまで怒らなくてもいいのに、とその時は思っていた。ところが成長するにつれ、ある時、頭に触れてきた他人に激怒している自分に気づいたのである。

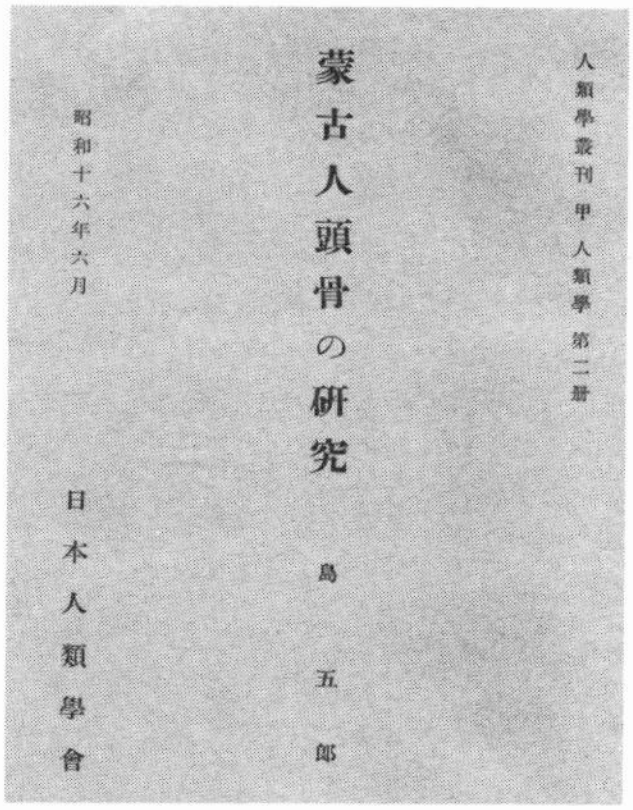

写真5-8 島五郎『蒙古人頭骨の研究』の表紙.

したがって、今村豊や島五郎のような日本の人類学者たちがモンゴル人の頭に関する詳細な情報を獲得できたのには、官憲や軍隊の政治力、あるいは強制力が伴っていたと思われる。ついでに述べておくと、元朝青龍や元白鵬関が土俵上でたまに憤怒の表情を見せることがあったが、それは相手が無意識に彼らの頭部に触ったことからくる、自然な反応であったにちがいない。

そのようなタブーに触れてまで、モンゴル人の頭部を計測して得た研究の中味はというと、そもそも何ら学問的価値がない、と初めて日本人の調査報告を読んだ当時から私は認識していた。頭部に限らず、生体の数値的な差異は、民族集団間の差異というよりも所詮は個人差に過ぎないからである。それでも、私は日本人が進めたモンゴル人に関する人骨・生体研究に関する論文と

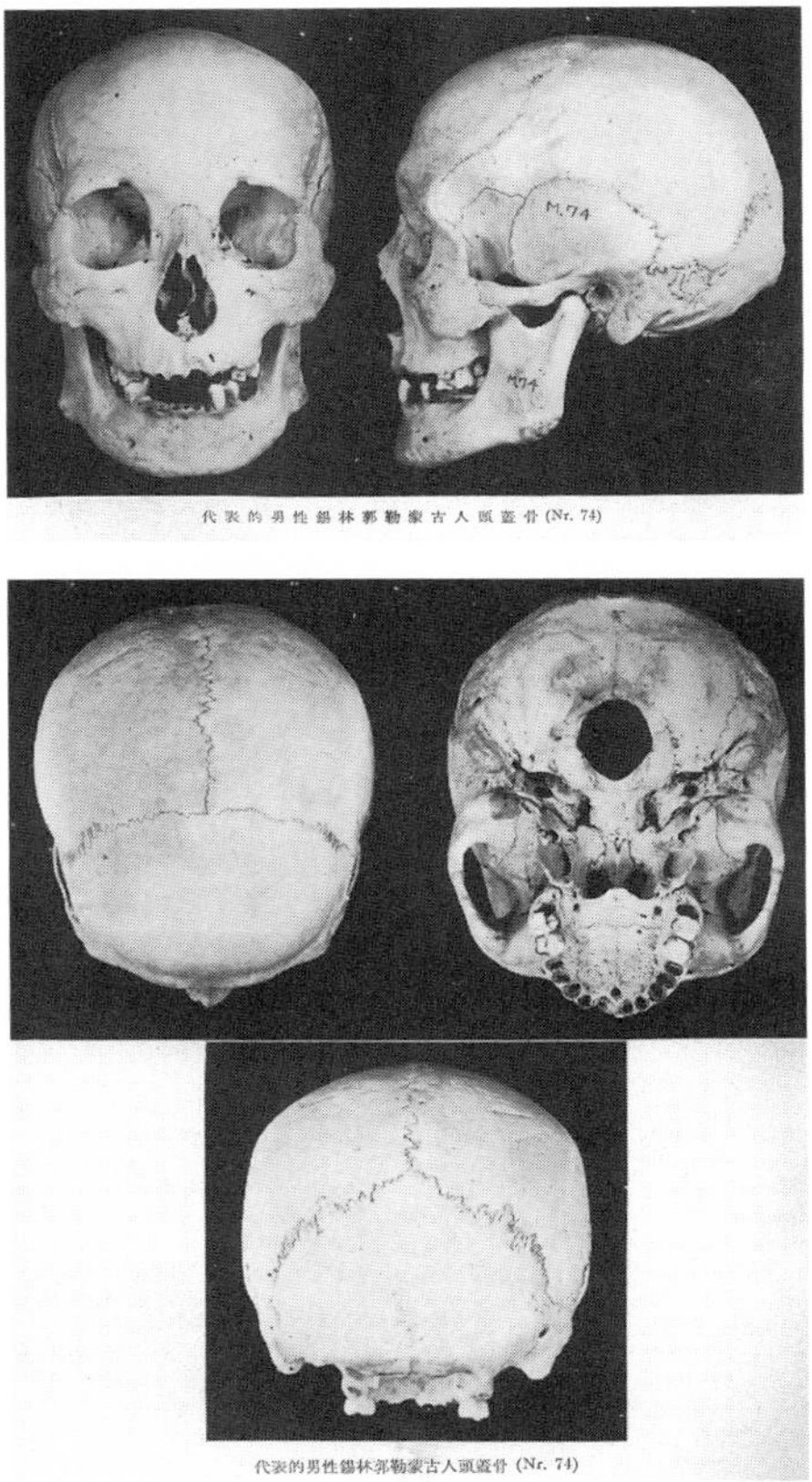

写真 5-9　島五郎『蒙古人頭骨の研究』内の人骨写真.

書物を集め続けた。学問的な価値ではなく、何故そのような計測を実施したのか、また可能だったのかという、政治力と思想的背景について知りたかったからである。

日本人参事官の「援助」

島五郎は『蒙古人頭骨の研究』の冒頭、「蒙古人が蒙古短頭群又は近隣若干民族と共に中央亜細亜短頭群の名を以て知られ、亜細亜に於ける人種要素として重要なる位置を占めていることは、今更贅言を要しない所である」と書き出す。そして、モンゴルの人骨研究についても少しは現れるようになったが、体系化されていないので、自分の研究は重要だ、と強調する。

島は次のような方法でモンゴルから人骨を集めた、と明言している。

> 現在の蒙古聯合自治政府治下にある阿巴哈納爾《アバガナル》旗貝子廟、西烏珠穆沁《ウジュムチン》旗ラマクレ廟、西烏珠穆沁旗王府、東浩斉特《ホーチト》旗バロン廟の諸地にて、昭和十二及び十三年に蒙古人生体調査に際し、今村教授と共に余自身の手で蒐集。貝子廟資料中には教室の大西が昭和十三年余等と同じ場所より将来せるものが含まれている。此等純蒙古地帯と云われる地方の喇嘛《ラマ》廟附近には、普通廟より東北又は反対方向に当たって、一定地域を限ってはあるが、単に死体捨場とも称すべき墓地がある。此の如き墓地から、発掘の必要もなく、地上に自然に美しく晒骨《せいこつ》せられたものを蒐集したのである。此の如き地上採集にも等しい収集方法では蒙古人以外のものを混ぜずやとの疑問が起るであろう。而して若し他民族のものが入る恐れありとすれば、喇嘛僧中に極少数を混ぜる、彼等謂う所の西蔵人、青海人が先ず問題になる。然し種々の事情から考えて、若し混ずるとしても、無視

してもいゝ程例外的なものであろうし、相当例数からせる結果への影響は少ないと考える。又各蒐集地のものは夫々の蒐集地に比較的近隣の者から由来せるはほぼ確実であるが、同じ蒙古人ながら、やゝ遠隔地出身者例えば満洲国内蒙古人のものを混ぜるやも測り難い。（島五郎『蒙古人頭骨の研究』一九四一、三頁）

ここで述べられているモンゴル聯合政府治下のシリーンゴル草原の墓地に置かれていた人骨を収集した外に、フルンボイルから二柱の人骨を「購入」したという。また、島が比較に用いている生体計測のデータは、一九三六年に満洲国領内のジェリム盟の開通県で集めたものである。その際、開通県参事官だった山内竹雄と泉中佐、麻生達男と大井久らが援助、協力したという。参事官とは日本人顧問で、現地の実権を握る存在である。麻生達男はモンゴル名をマイダルといい、流暢なモンゴル語を話した。表向きは西北学塾の教授であったが、中国では日本軍とアメリカ軍の二重スパイだったと見られている。このように、行政と情報機関の「援助」があったからこそ、草原で「美しく晒骨せられたものを蒐集」できたのであろう。

「美しく晒骨せられたもの」とは、風葬された人骨である。土葬よりも風葬が多かった地域には、このような人骨が多く残る草原がある。「お前が死んだら、髑髏《どくろ》の穴に小便してやる」などと、モンゴル人は互いに冗談を言い合う際も風葬を連想させる表現を用いたりする。風葬であっても、「死体捨場」ではなく墓場であることに変わりはない。

頭蓋骨計測の意味は何なのか

島はモンゴル人人骨のデータを分析するに当たり、当時台北帝国大学に勤めていた金関丈夫の指導を受けていた。緻密にして豊富なデータを解析した結果は以下の通りである。

> 蒙古人生体調査の結果から錫林郭勒《シリーンゴル》蒙古人は呼倫貝爾《フルンボイル》地方の巴爾虎《バルガ》に、此の巴爾虎は布里牙特《ブリヤート》に近く、同じ喀爾喀《ハルハ》蒙古ながら、満洲国興安嶺以東の蒙古人及び南方蒙古人では、其の特長が緩和せられている事を指摘した。……
>
> 頭蓋骨計測値に依る比較結果たる還元種族類似係数、偏差比曲線共に、呼倫貝爾と錫林郭勒は生体調査の結果と一致した関係にあることを示している。……
>
> 生体調査の結果によるも、興安嶺以東の蒙古人及び南方蒙古人に頭長短縮、顔幅狭小の傾向はあるにしても、こゝに哲里木《ジェリム》と称した頭蓋群の頭長短縮程度は甚だしくして、生体の示す値とは一致しない。……
>
> 錫林郭勒、呼倫貝爾は庫倫《フレー》蒙古人の他、ブリヤート、カルムック、ソヨートとも疎遠ではなく、呼倫貝爾は西方蒙古人トルゴートとも亦近い。（同、五二頁）

島はまた、自身が集めた頭蓋骨の中で、死後に穿孔された個体に注目している（前掲写真5－9中央右）。これはおそらくラマたちの秘密儀礼と関係していると思われる。

島は以前から、モンゴルとその「近隣種族」特に満洲人との関係を調べる必要性がある、と強く訴えていた。その研究結果が、島の同志にあたる大西雅郎と鈴木誠が同じ一九四一年九月に上梓したシリーズ内の一冊『蒙古人、支那人及び朝鮮人頭蓋諸骨の人類学的研究』である。同書には「島〔五郎〕の研究を補遺する意味で」執筆された、と冒頭で明記されている。

モンゴル人と中国人、それに朝鮮人との比較を企図しているが、「各年齢階級の例数が少ない」と島は嘆いている。生体計測のデータもあれば、京城帝国大学医学部解剖学教室所蔵の頭蓋骨からの情報もある。頭蓋諸骨であることから、鼻骨孔と前頭骨、頭頂骨と側頭骨、後頭骨と齶骨を具体的な比較の対象として、実に詳しい数字を大量に並べているが、文化的、また社会的にどんな差異と意義が認められるか、との見解は示されていない。

モンゴル人女子の身体データを取得

一九四二年は満洲国建国一〇周年に当たる節目の年であり、宗主国の日本と当の満洲国、それに隣国のモンゴル自治邦(=徳王政権)を含めて、さまざまな記念行事が大々的におこなわれた。清水忠経の『喀爾喀族蒙古人女子の体質　人類学的研究』もこうした背景の下で出版された(写真5-10)。著者が「喀爾喀人《ハルハ》」と呼ぶジェリム盟ホルチン旗とフレー旗、それにナイマン旗とトゥメト旗、ハラチン旗のモンゴル人を対象に調査した際に、王爺廟に駐屯する特務機関長の金川耕作大佐と「第〇」軍管区司令官のバドマラブタン上将が便宜を図ったとしている。軍について、「第〇」とするのは、秘密を守るためであろう。

金川大佐はモンゴル人が自治する満洲国興安総省の軍部実力者である。バドマラブタンはジェリム盟の開明的な貴族で、チンギス・ハーンの直系子孫である。日本は満洲事変の時から彼の政治力に注目しており、バドマラブタンの方も日本の力によってモンゴルの独立建国を目指していた。金川とバドマラブタンについては、拙著『日本陸軍とモンゴル』(二〇一五)の中で詳しく取り上げている。

清水は自著の冒頭で次のように述べている。

　満洲建国以来、満洲原住民族、就中蒙古人に関する医学的研究漸く勃興し、民族の保健衛生に貢献すると共に、その人種的外貌を明かにし、民族性格の認識と指導理念の把握とに寄与する処尠からず。

　蒙古人は元来、ツーラン族（ウラール、アルタイ語族）のアルタイ系にして、西暦十三世紀、成吉思汗出でゝ欧亜の大半を席巻し、大元帝国を建設せしも、元朝崩壊以来数百年、統一的民族国家を形成せず、原始的遊牧生活を営み、封建的社会制度の下に世界の大勢より隔絶し、民族衰亡の一途を辿りつゝあり。（『喀爾喀族蒙古人女子の体質　人類学的研究』一九四二、一頁）

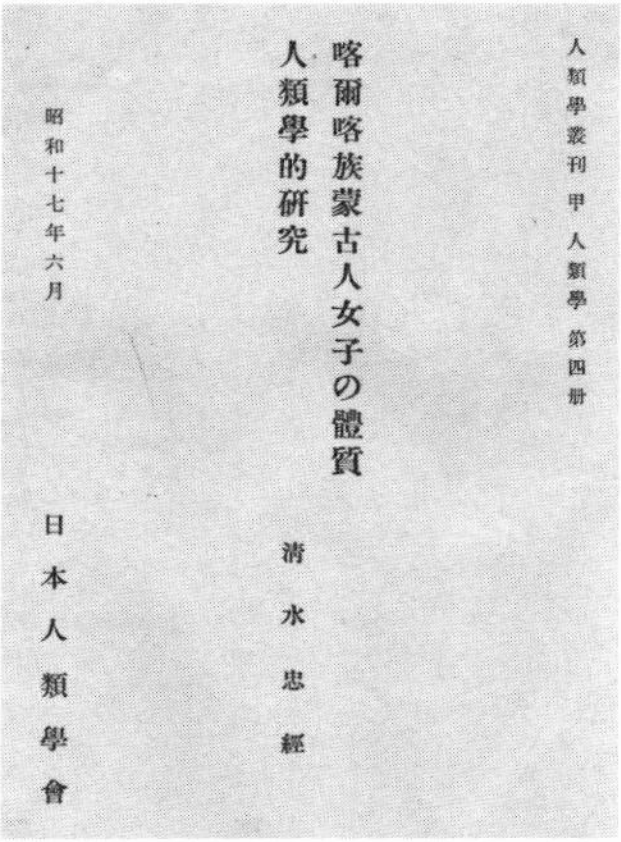
人類學叢刊　甲　人類學　第四冊

喀爾喀族蒙古人女子の體質
人類學的研究

清水忠經

昭和十七年六月

日本人類學會

写真 5－10　清水忠経『喀爾喀族蒙古人女子の体質人類学的研究』の表紙.

このように、清水は、当時の満洲国や日本にも相当大きな影響を与えていたソ連邦の学者たちのマルクス・エンゲルス流発展段階論に即してモンゴルの歴史と経済を概説している。それは、遊牧生活を原始的と見做し、社会制度は「封建的」と一方的に断じる点である。

　序章で触れたが、ツーラン（ツラン、トゥランとも）とは、もともとはペルシア系民族のイランと区別してウラル・アルタイ系の言語を話し、遊牧を営む諸民族を指す通俗的な概念である。

当時では日本もツーラン文化圏に入り、日本語もウラル・アルタイ系に属すというのが学界の常識となっていたが、帝国日本の北方アジア進出との関係もあり、戦後は学界でもその説は下火になったようである。

「衰亡の一途」を辿ってきたモンゴル人は喀爾喀《ハルハ》族と烏梁海《ウリャンハイ》族（ソヨート族）、額魯特《ウールト》族（カルマック族）、及びブリヤート族に大別される、と清水はまずソ連流の学説にしたがって分類し、なかでも「喀爾喀《ハルハ》族は全蒙古の中心種族をなし、外蒙古の東半部より東西内蒙古に亘り居住し、その王公は成吉思汗の直裔なり」と説明している。ちなみに、ウリャンハイはモンゴル高原北西部に、ウールトは西部に分布している。

日本の人類学者たちは、モンゴル人に対し多くの人骨情報と生体計測を進めてきたが、「総べて男子を材料とし、女子に就いての生体計測及び形態学的観察には未だ見るべき報告なく」、ごく少数の計測例があっても、統計的価値は乏しかったという。

> 今や世界未曽有の重大時局に直面し、国を挙げて東亜共栄圏の確立に渾身の努力を傾注しつゝあるとき、東亜に於ける主要なる人種的地位を占むる蒙古人の将来を憶い、且つ蒙古復興を念ずる士の均しく憂慮するは、その人的資源と体質の向上なり。この見地より遡ってその母体たる女子の体質を究明するは一層意義深きものと信ず。されば余は第〇軍管区軍医処長として興安南省通遼に在職中、蒙古人の人種的構成を闡明《せんめい》すると共に、亦《また》蒙古人女子の体質人類学的研究を企画せり。
>
> 抑々《そもそも》女子に関する生体測定は発育期に於ける女学生を対象とせるもの多く、又女工或は公娼の

如き職業婦人の体質学的研究ありと雖《いえど》も、一般家庭婦人を計測せるは甚だ稀なり。蒙古に於ては前記の如き職業に従事する者なく、蒙古唯一の女学校たる王爺廟興安女学院に於ける生徒は十六～十七歳にして未だ成人の域に達せず、研究資料は凡《すべ》て一般婦人に俟《ま》たざるべからず。（同、二一三頁）

右で示したように、調査者である清水は、モンゴル人女子学生を対象にした調査ができた意義を興奮気味に記している。明治期以降の日本では、公娼を計測して入手した「材料」こそあるものの、「一般家庭婦人」の計測は困難だった。しかし、公娼と一般婦人の身体的特徴にどんな差異があるのか、あるいはないのか、人類学者は何も示していない。

興安女学院での身体計測

横尾安夫をはじめ現地入りして計測した人類学者たちは皆、喉から手が出るほど女性の身体データを欲しがっていた。先に触れたように、横尾も「女子の計測は不可能であろう」と書き残している。それを清水は、王爺廟の特務機関長と「第〇」軍管区処長、それにモンゴル人で興安局総裁のバックアップを得ていたので、興安女学院で少女たちを計測できたのである（写真5－11）。

実際に興安女学院を卒業したモンゴル人たちによると、同校は、モンゴル人女子の近代的教育を強化する目的で、一九三七年春にバドマラブタンと金川耕作の強い意向で設置された。鳥居龍蔵夫妻が教鞭を執った毓正《いくせい》女学堂に次ぐ、モンゴルで二番目の近代的な女子教育機関である。日本人教師は堂本修と小谷修一であった。

写真5－11　興安女学院の生徒たち．索布多『興安女高』より．

その後、一九三八年四月には興安実業女学校と改名し、一九四一年四月にはまた興安女子国民高等学校に名を改めた。一九四五年に戦争が終わるまでに二〇〇名の学生が卒業し、モンゴルの近代化に大きく貢献する人材を輩出した。しかし、彼女たちはほぼ全員、一九六六年から勃発した文化大革命期間中に中国政府によって粛清された（索布多『興安女高』二〇〇五、楊海英『墓標なき草原（上）』二〇〇九）。

清水は以下のように、モンゴル人女子の体質的特徴について報告している。

「被検者は興安南省科爾沁《ホルチン》左翼旗に居住する満十八〜五十七歳の喀爾喀族蒙古人女子」にして、七名の独身者を除き、其他は半農半牧の家婦なり」。具体的な調査地は達爾漢《ダルハン》王府と博王府、哈市台《ハシタイ》と金川営子、衙門営子である。

計測に際し民情を知悉するを要するは申すまでもなく、若《も》し然らざれば思わざる失敗を喫す。特に母系制の習慣等墨守せられ、異性の前に体を裸出するを極端に忌避する蒙古人女子に於ては、又無智なる男子の猜疑的望外を受くることあり。依て腰部は腸骨櫛、及び腸骨前上棘等を薄物の褌子〔ズボン〕の上より触知しつゝ計測し、乳嘴、臍、恥骨部の測定は見合わせたり。(『喀爾喀族蒙古人女子の体質　人類学的研究』一九四一、四頁)

実際の計測に際し、清水は「人体計測機を以て、余自身之を行いたり」としている。陸軍式身長計と踏み台式支柱を使い、自然な姿勢を測ったとしている(写真5－12)。「計測箇所は人類学的に意義の大なるものを主眼とし」ていた、と述べている。

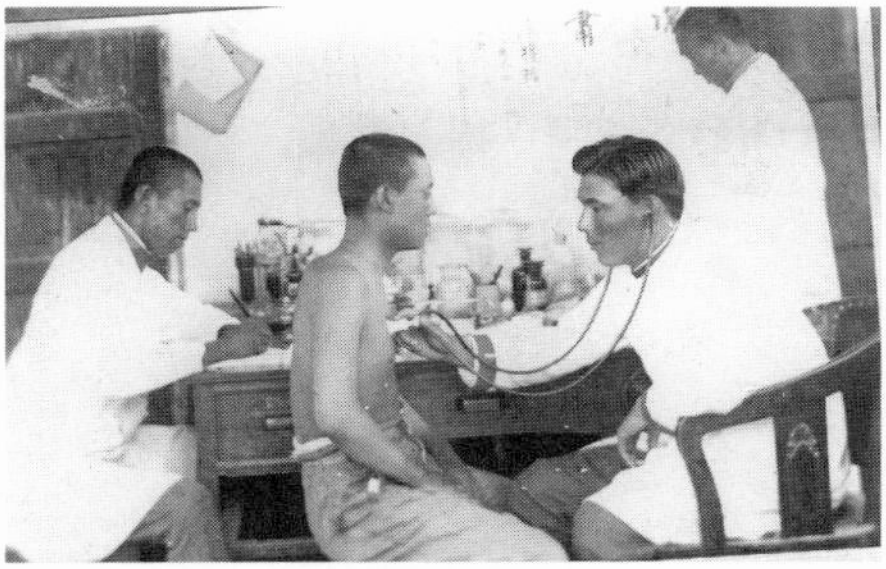

写真5－12　満洲国西部のモンゴル人地域での身体検査の風景．左からボイント，ニマラクシャン，朝鮮人の朴同守軍医．写真提供：矢島金城．

「山口の日本人」の頭部がモンゴル人と近似している?

「比較の材料」には、朝鮮半島平安南道と近畿道中部、慶尚南道の朝鮮人と日本国内の「日本人娼婦」に関する既往情報を用いた。そこから得た「考按」は以下の通りである。

「蒙古人も全人類に於けると同様、絶対値は概ね男子大にして、女子小なるは勿論なり。……興味あるは頭長幅示数の一般に女子大なるに比し、蒙古人に於ては女子の小なることとなり」。

モンゴル人女性の計測データを基にさらに近隣の諸「人種」と比較すると、日本の「山口日本人は頭部は蒙古人と類似するも、頭幅比較的小なり」という。しかし、どうして、「山口の日本人」の頭部がモンゴル人のそれと近似しているかについての論理的な分析と合理的な解釈はない。

研究全体の結論は以下の通りである。

> 余は蒙古人(喀爾喀《ハルハ》族)女子二百二十人の生体計測を行い、その結果に就き縷述《るじゅつ》し、併せて周囲諸人種との比較対照を試みたり。今其の成績を纏むれば次の如し。
>
> 蒙古人の身長は支那人より稍々《やや》低く、朝鮮人に類似し、日本人其の他よりも高く、東亜諸人種中の身長なる部類に属す。……骨盤幅径は広く、その比幅は敢えて日本人に対し遜色を認めず。脳頭蓋部の諸径の大なるは、蒙古人の著明なる特徴と謂うべく、殊に頭幅大なるを以て、高度の短頭を示すも、高頭及び尖頭の程度は周囲諸人種に比して劣る。……脳頭蓋部は朝鮮人に、顔部は支那人に接近し、其他一般に鄂倫春《オロチョン》及びタタールと屡々《しばしば》類似点を認め、日本人と稍々隔たり、アイヌ及び台湾人とは疎遠なる関係を示したり。……
>
> 顔面輪郭は卵円形が二十九パーセントで、五角形が二十六パーセント。眼部に「蒙古皺襞」が認められるのは約六十三パーセントで、二重瞼率は約七十パーセントに達する。虹彩色調は褐色調が八十二パーセントで、頭髪色調も黒褐色は過半数を占める。(同、七五―七六頁)

これが計測の「成果」である。清水は自身の研究の目的は「人的資源と体質の向上」にあるとしているので、優生学の面で貢献したかったのかもしれない。確かに日本統治時代にモンゴルは医療衛生の面でも大きく改善されたが、そのすべては短命に終わったのであった。

第6章

ウイグル、そして満洲へ

——少数民族地域のミイラと頭蓋骨

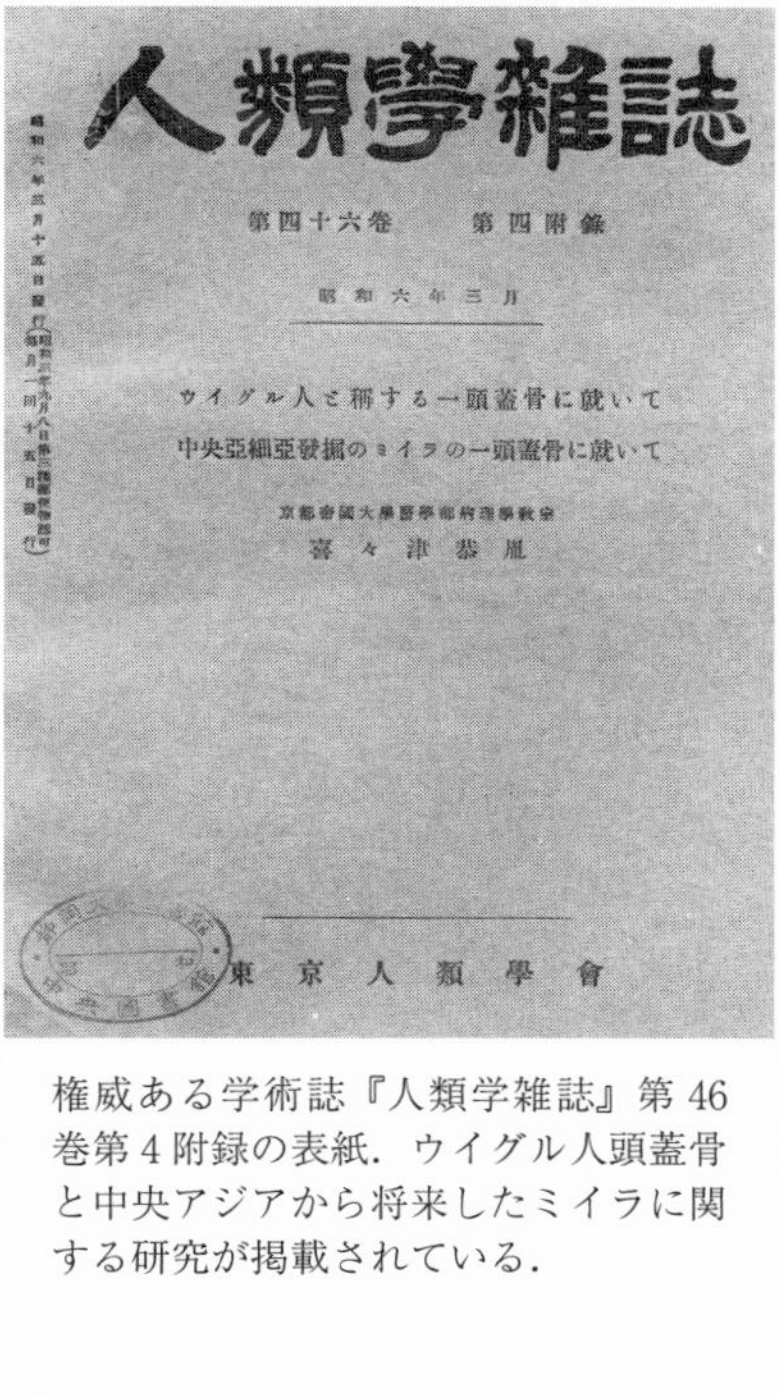

人類學雜誌

第四十六巻　第四附錄

昭和六年三月

ウイグル人と稱する一頭蓋骨に就いて

中央亞細亞發掘のミイラの一頭蓋骨に就いて

京都帝國大學醫學部病理學教室

喜々津恭胤

東京人類學會

昭和六年三月十五日發行　毎月一回十五日發行

権威ある学術誌『人類学雑誌』第46巻第4附録の表紙．ウイグル人頭蓋骨と中央アジアから将来したミイラに関する研究が掲載されている．

日本の近代的な学術思想と研究手法はヨーロッパから導入され、独自に発展していったものである。人類学、考古学においては、一九世紀後半からヨーロッパの探検隊が中央アジアやモンゴル高原に相次いで入ったのを知ると、日本もまた強烈なライバル意識を抱いて同地域へ調査隊や探検チームを派遣した。日露戦争後に締結された日露密約に基づき、日本の勢力範囲とされる満洲や南モンゴルはもとより、モンゴル高原と中央アジアもさまざまな帝国主義勢力が角逐する舞台となった。本章では日本の探検と調査が多くの少数民族地域に入った際に得られた人類学的情報について検討する。

いまだ明らかになっていない大谷探検隊の全貌

浄土真宗本願寺派本願寺(西本願寺)の新門・大谷光瑞(一八七六〜一九四八)が、第一次「大谷探検隊」を英国のロンドンから中央アジアに派遣したのは、一九〇二年夏のことである。ハンガリー出身のイギリスの考古学者スタイン(一八六二〜一九四三)、スウェーデンの地理学者ヘディン(一八六五〜一九五二)らが相次いで東トルキスタンで世紀的な発見をし、世界の学界に衝撃を与え続けていた現象を受けての決断だった。スタイン、ヘディンらは、東トルキスタン、つまり新疆や敦煌から膨大な量の文化財を持ち出し、有史以来の人類文化の絢爛とした姿にヨーロッパは驚嘆の声を挙げていた。大谷らはそれを目撃し、新興の帝国日本こそアジアの地に関する体系的な知識を有しているのであるから、探検にも遅れまいと、世界的な探検競争に加わった。

実は、私が大谷探検隊の歴史的業績を身近に感じたのは、一九九九年春に現在の勤務先である静岡大学に着任した直後のことである。当時の静岡大学人文学部には本多隆成（現・名誉教授）という日本史の権威が在籍しており、彼は大谷探検隊の隊員、本多恵隆（一八七六～一九四四）の孫であった。近世東海地域史や徳川家康研究の大家であるだけでなく、『大谷探検隊と本多恵隆』（一九九四）と『シルクロードに仏跡を訪ねて』（二〇一六）といった著作もあり、斬新な世界史研究の成果を残している。私はこれらの著書から多くを学んだ。また、突厥碑文研究家の片山章雄も大谷探検隊に関する著作を公開し、私に教えてくれた。

写真6-1　モンゴル高原のオルホン河の近くに立つ古代突厥のキュルテギン碑．1995年夏撮影．

これらの先行研究によると、第一次大谷探検隊がどのように行動し、何を将来し、どんな学術的な調査報告を作成したかについては、全体の輪郭はいまだに不透明だという。

続く大谷探検隊第二次調査隊は、一九〇八年に神戸から出発している。これには橘瑞超という一八歳の青年が加わっていた。瑞超という名前は、大谷光瑞から自身の名前の一字を与えられたと伝えられており、新門からの期待が高かったとされている。

彼らはまずモンゴル高原に入り、ハンガイ山脈南麓から北へと流れるオルホン河流域に立つ古代突厥の石碑群を目撃した(写真6-1)。そこから南西へと、アルタイ山脈を西へ越えてジュンガル(グルバントングト)盆地に入り、新疆領内のトルファンなどのオアシスを踏査し、タクラマカン沙漠南東にある楼蘭遺跡を調査してから西へ進み、最西端のカシュガルに到達する。

東トルキスタンから日本に持ち出されたミイラ

翌年夏には第三次調査隊を結成して新疆に入る。おそらく第二回以降の探検隊が、東トルキスタンから十数体のミイラを持ち出したと思われる。東トルキスタンは極端に乾燥した大地で、古代から人類は多くのミイラを残した。現在の新疆ウイグル自治区の中国人考古学者によると、二〇世紀には約四〇〇体以上のミイラが発見されたという。橘の発掘は、かなり初期の段階に当たる(王炳華「新疆古屍考古研究」二〇〇八)。

帰国後、橘は探検ブームに応えるべく講演会で自らの成果を披露した。漢籍に詳しい彼は当然ながら、中国の視点、つまり東アジアから西のユーラシアを眺める形で西域史を整理している。ちなみに、「西域」も「東北」も、あくまでも方位名詞であって、近代の国家主権を物語る概念ではない。そして、方位名詞で語られる側の人間にとっては、はなはだ迷惑な表現であることを確認しておきたい。

橘は講演会場で熱弁を振るった。

自分たち日本の探検隊が足を踏み入れたトルファンは唐代の高昌国で、西暦六四〇年秋に唐の太宗によって滅ぼされた国である。ミイラも唐によって征伐された後に移住した「支那人」のものか、あるいはそれ以前の現地人のものか、それによって、おのずから人種も異なるはずだ、と橘は語る。

写真6－2　新疆ウイグル自治区トルファン附近の墓地．ほとんど雨が降らず，人体の乾燥保存に適している地である．1992年夏撮影．

　此等の木乃伊《ミイラ》は何処で発見したかと云うに、只今のトロファン（トルファン）の町から東の方七十清里の距離にカラホジャと云う村があり、之の村に立派なる城壁が残って居て、是の城壁こそ歴史と地理と、並に発掘した古文書とに付きて、動かす事の出来ない高昌国の都であったと云う事は確かです。（橘瑞超「古代トロファンの人種（続）」一九一五、二三五頁）

橘は、第二次調査旅行の時に野村栄三郎と共にこの墓地を調べているが、発掘はしていなかったようである。その後、野村は日本に帰り、橘はシベリア各地を漫遊してからふたたびトルファンに戻って墓を掘った（写真6－2）。

　実地に墳墓の中に入ると、完全な木乃伊《ミイラ》あり、動物あり、其他の器物あり、頗る重大な発見物と信じまして、その概況と又エジプトで見聞した木乃伊に付いて抱ける考とを述べ、是非日本に持帰り度しと云う希望をそえ、前法主の下に書面を出して、一時此処を引き上げました。……

内部はドーム(dome)形になって、下からdomeに達する高さはまた高いです。入口の幅は二尺三寸(上部で一尺二寸中部で一尺五寸です)。此の中に木乃伊が合葬されて居ました、其れは三個ありまして、蓋し一家族でしょう、共に上向になりて、頭を西へ向け、顔を南向にして居ました。

(同、二二六、二二八頁)

橘はカシュガルから前法主の大谷光瑞に連絡し、了解を得て、「十数カの木乃伊と其他の器物等を集めた」。当時の彼は、それらのミイラがウイグル人のものかどうかは断定していない。ただ、「此のウイグルと云う人種は又注目す可《べ》き人種」だと強調している。

ウイグル人の頭蓋骨

大谷探検隊がいわゆる「西域」から将来した文物は、さまざまな経緯によって満洲国内と朝鮮半島など各地に散逸してしまい、一部はそのまま旅順と朝鮮半島に残された。ある研究によると、関東都督府が一九一九年に、以前の「関東都督府満蒙物産館」を拡張して関東庁博物館を設置した際、大谷光瑞が中央アジアやインド探検で入手した考古学的資料の一部を寄贈したそうである。また橘は、一九一五年に『人類学雑誌』第三〇巻第五、六号に「古代トルフアンの人種」という一文を寄せ、「中欧アジア発掘のミイラ」を紹介している。

橋が報告した新疆トルファンのミイラと人骨は、一九三一年にふたたび脚光を浴びることとなった。それまでの日本国内と台湾、そして朝鮮半島と満蒙を対象とした研究から飛躍して、中央アジアに関するデータも実は手に入っていたとの報に接し、人類学者たちは欣喜雀躍した。清野謙次の弟子である喜々津恭胤は一九三一年三月に『人類学雑誌』第四六巻第四附録に「ウイグル人と称する一頭蓋骨に就いて」と「中央亜細亜発掘のミイラの一頭蓋骨に就いて」という二本の論文を同時に発表した。喜々津は次のように書いている。

昭和四年十月清野教授は金高〔勘次〕氏と共に旅順の関東庁博物館と朝鮮京城の総督府博物館に分蔵されて居る大谷光瑞氏将来の高昌国ミイラの研究を行われた。京城博物館には二体のミイラとその外に二個の頭蓋骨とがある。同館の藤田亮策氏は行為を以て夫等の研究を金高氏に依託されたのであるが余がその任に当たった訳である。その頭蓋骨一はミイラと同種のもので乾燥せる軟部組織の剝離し且つ他部も亡われたものであるが他の一個は即ち本報告の材料であって、ミイラとは全然別種のものである。それは頭型の異なった点から云っても骨質の工合から見ても一点疑義のない所である。

発掘者の橘瑞超氏の報告に依るとこの頭蓋骨はウイグル人の住んで居た城跡から得たもので幾多のウイグル古文書を伴出したものである。而して同氏は果たしてウイグル人とすれば好個の研究材料であるが単に之れだけの理由でウイグル人と決めることは穿ち過ぎた事かも知れんと云われて居る。そこで余は此のウイグル人と称する頭蓋骨に就いて先ず人類学的に精査し、他人種と比較研索してその表徴を窺知しておくことは是非とも遂行せねばならぬ必要な研究と思う。

（喜々津恭胤「ウイグル人と称する一頭蓋骨に就いて」一九三二、一一二頁）

喜々津によると、頭蓋骨は熟年男性のもので、下顎骨は欠損しているが、全体として「骨質堅牢で厚く、筋肉附着部の粗糙は強く如何にも男性的である故である」という。計測の結果、頭蓋幅高指数は一〇六・五で、世界人種中最大に匹敵する、との結論が得られた。

中央アジアの古人種研究

もう一体のミイラは「熟年の女性」と推定された。「保存状態は比較的佳良だが顔面右半と下顎骨とは亡失して居る」。関東庁博物館と朝鮮京城の総督府博物館には、新疆からのミイラが十数体も保管されているが、喜々津の論文が具体的にどれを指しているかについての情報はない。

この喜々津の報告を受けて、同年八月に清野は弟子である喜々津と共に論文「ウイグル人と称する頭蓋骨の人種的観察」を『人類学雑誌』第四六巻第八号に発表した。二人は次のように述べている。

> いったいウイグル人は唐代以後に中央亜細亜の野に活躍せし人種であって、其後離婚して今日トルキスタン住居土民の基礎を成したものと思われる。これにつきては近時出版の羽田氏著『西域文明史概論』を参照せられ度《た》い。いずれにしても中央亜細亜に活躍した古人種の体質を知悉するのは文化史方面からも、又古人種学上からも必要である。（清野謙次／喜々津恭胤「ウイグル人と称する頭蓋骨の人種的観察」一九三二、二八五頁）

二人によると、右で示した喜々津が取り上げた頭蓋骨は別の「高昌国墓地出土ミイラの頭蓋骨とは甚だしく異なり、少なくとも同一種族でない事は認められる。是等の点から考えるとウイグル人の頭蓋かもしれない」という。さらに分析した結果、「顔面頭蓋はその幅高関係に於て中央亜細亜人に近似し、眼窩は庫倫《フレー》人に、鼻、口蓋は北部支那人に近似して居る」。純粋なウイグル人であろうが、多少、「北部支那人との間に雑種となったものである」と推定している。そして、今後はさらにウイグル人頭蓋骨を多数、蒐集しなければならないと、その収集と分析に期待を寄せている。

一九三七年に刊行された『旅順博物館陳列品解説』によれば、ミイラとなった被葬者の墓誌はほとんどが高昌国のものだったという。高昌国は小国だったが、多民族から構成され、華やかな文化が発達していた。したがって、ミイラを軽々しく「ウイグル」と断定するのもいささか根拠が足りないのではないだろうか。

「楼蘭の美女」への熱狂

現生人類が日本列島に辿り着いたプロセスと日本文化のルーツを探究しようとする日本人の中央アジアへの憧れは現在も、衰えを見せない。特に、日本人が漢籍でいうところの「西域」に注ぐ熱い視線は尋常ではない。その情熱には、仏教がシルクロードを通って日本に伝わったという歴史も関わっているのだろう。

一九九二年九月七日、「日中国交正常化二十周年」を記念する展示、「楼蘭王国と悠久の美女」展が東京を皮切りに日本各地で開催された。当時民博の大学院生だった私も、指導教官の松原正毅について展示の内覧会に出席した。

「寝る時間もなく研究している」と、会場に来ていた江上波夫は松原と会話していた。

楼蘭は、そこから出土したカロシュティー文書が物語るように、インド・ヨーロッパ系の言葉を話す人々の独立国家であった。カロシュティー文字は、紀元前四世紀から紀元後四世紀頃まで北西インドを中心に広く使われていた文字である。ヘディンとスタインによって発見され、その後は解読も進んだ。

楼蘭王国は嘉峪関《かよくかん》以東の中国よりも、モンゴル高原の匈奴との関係がより緊密だった。中国の漢王朝が楼蘭の存在について知ったのも、匈奴の冒頓単于《ぼくとつぜんう》からの手紙によるものだった。紀元前一七六年に長安に届いたその手紙には、天山南麓の三六カ国が匈奴の支配下に入ったと書いてあった。匈奴は天山南北、すなわち今日の東トルキスタンを自身の右腕と見做し、西方のユーラシア世界を重視する国際関係を打開し、漢王朝を事実上、属国化していたのである。

その楼蘭の故地、コム・ダリヤ（「沙漠の河」との意。漢字では孔雀河）というタリム河の支流から一九八〇年四月、「美しい女性のミイラ」が発見された。中国の考古学者と日本の関係者たちはそのミイラにロマンティックな名を与え、「楼蘭の美女」と呼んで、日本に将来して展示した（写真6-3）。ミイラを包んでいた羊皮について放射性炭素14の測定を実施した結果、彼女の生存年代は三八八〇±九五年前と推定された。人類学者たちは彼女の生前の美貌を復元する図を公開し、当時の国立科学博物館人類学研究部長の山口敏は次のように分析した（写真6-4）。

人種的には、栗色の波状毛や高い鼻筋やくぼんだ眼や薄い唇などが示しているように、明らかにモンゴロイド（黄色人種）ではなく、コーカソイド（白色人種）系に属しており、とくに眉間がやや高く、頬骨が少し張りだし、顔が上下方向に短いなどの点で、古墓溝の人骨群と同様、南シベリアや中央アジアの草原地帯に広がっていた青銅器時代のアンドロノヴォ人やアファナシエヴォ人のような、古型のコーカソイドによく類似している。（山口敏「現代によみがえる美女」一九九二、六七頁）

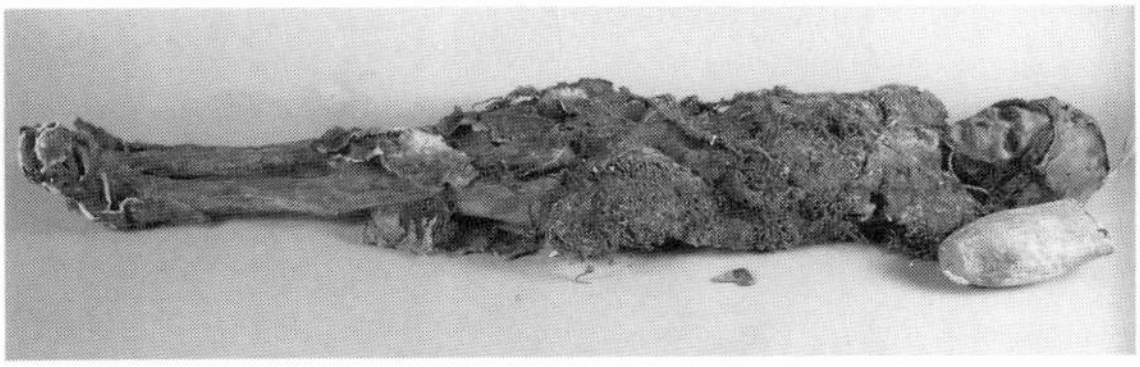

写真 6－3　楼蘭出土の「美しい女性のミイラ」.『楼蘭王国と悠久の美女』より.

写真 6－4　楼蘭出土の「楼蘭の美女復元図」.『楼蘭王国と悠久の美女』より.

「楼蘭の美女」は四五歳前後で、血液型はO型だったそうである。

その後、この地域に関するDNA考古学が進展し、楼蘭の住民の一部は六〇〇〇年ほど前の遥か西、今のウクライナ周辺から東方へ移動してきた人々の子孫だったことがわかったという。遊牧民スキタイと匈奴の西進とは逆のルートを辿った集団の一員である。

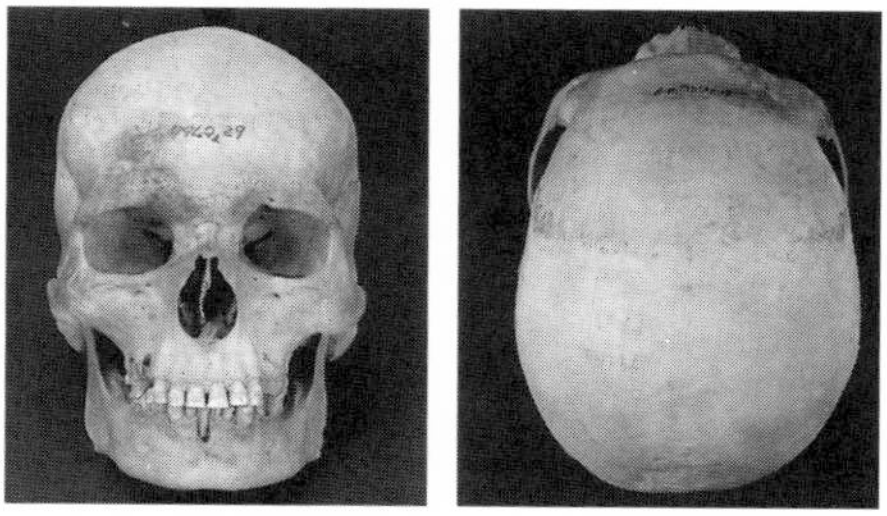

写真6−5　新疆ウイグル自治区古墓溝から発見されたコーカソイド系の人骨．『楼蘭王国と悠久の美女』より．

新疆ウイグル自治区で沸き起こった論争

実は東京で「楼蘭王国と悠久の美女」が展示されたことについて、当時、新疆ウイグル自治区では激しい論争が沸き起こっていた。ウイグル人の知識人たちの見解では、楼蘭のミイラ群は例外なくコーカソイド（白色人種）系に属す人々だった（写真6−5）。ウイグル人も当然白人種で、「黄色人種」の中国人、すなわち漢民族とは完全に異文異種であることは自明の事実である、という反論であった。さらに、異文異種である以上、ウイグル人を無理やり「同文同種の中華民族の一員」と決めつけ、東トルキスタンを「我国の不可分の領土」とする主張も科学的根拠がないと反発したのである。そして、自分たちの「祖先の遺体」が日本に運ばれ、衆人の眼に晒されることにも抵抗していた。こうした歴史的論争は、「北京原人の子孫」を名乗り、「黄色人種の代表格」を自任する中国人に対し、コーカソイドの一員であるウイグル人から突き付けられた挑戦だといえるだろう。このような「人種」兼民族論争に対し、中国から有力な反論が出てこないのもまた事実である。

私が新疆ウイグル自治区で調査研究していた一九九〇年代初期頃、カシュガル出身のウイグル人作家トルグン・アルマス（一九二四〜？）は『ウイグル人』と『匈奴簡史』、それに『ウイグル古代文学』といった作品をウイグル語で世に送り出し、絶大な人気を誇っていた。彼は、文化大革命当時の一九七〇年に中国政府によって逮捕され、七年間も炭鉱で強制労働させられた経歴を持ち、その不屈の精神がウイグル人に愛されていた。

トルグン・アルマスのウイグル語作品に一貫しているのは、ウイグル人は有史以来ずっとユーラシアの一員であって、決して長城以南の「中華の大家庭のメンバー」ではないという立場である。しかし彼の作品の人気が高まった結果、学術的な見解もすべて「民族分裂的言説」だと断罪され、発行禁止の処分を受けた。それから三〇年後の現在、中国の抑圧的な民族政策はますます強化され、ウイグル語教育も壊滅的な打撃を受けている。強制収容など中国の抑圧政策が国際社会から人権侵害だと厳しく批判されていることは周知の事実である。

このように、民族問題が激化すると、必ず遡って「人種」問題にまで飛び火し、ますます解決困難になってしまうのである。

満洲人とモンゴル人とを比較する

日本の人類学者たちはまた、満洲に目を向けていた。明治期から清朝の支配者階級である満洲人に注目しており、日露戦争前後から日本人は大挙して満洲に入ることになったが、最初は「満人」と「支那人」の区別すら知らなかった。支配地の拡大と各種の調査研究が進むにつれ、次第に知識も増えていき、満洲人、それも旗人の存在に注視するようになった。

旗人とは、清朝の支配階級層を指す。言語の面から見れば、満洲語を話す旗人もいれば、モンゴル語と中国語を操る集団もいた。言い換えれば、満洲旗人とは清朝の支配社会階級を成す貴族

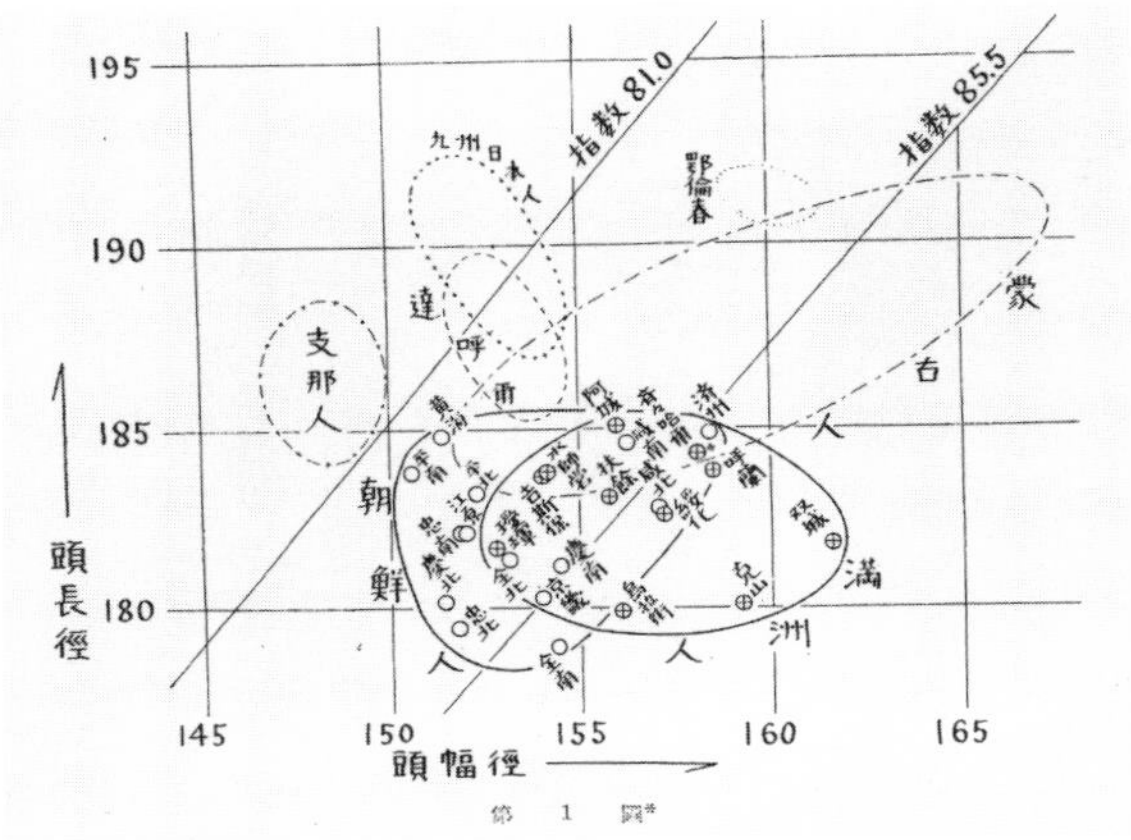

写真6－6　満洲旗人の頭幅とその近隣民族との比較．『人類学雑誌』第57巻第6号．

団であって、まとまった民族集団ではない（杉山清彦『大清帝国の形成と八旗制』二〇一五）。日本の人類学者たちは旗人研究を通して、支配者と被支配者との間の体質上の違いを解明しようとしたのだろう。

日本の人類学者たちは以前から、モンゴル人とその周辺の「近隣種族」との体質の面での比較研究が必要だと認識していた。帝国の領土が拡張するに従い、それが可能となってきたのである。一九四一年一〇月、「満日文化協会」は、人類学者の鈴木誠と平野伍吉、それに今村豊らを吉林省永吉県に案内した。吉林省内を流れる松花江下流の烏拉《ウラ》街を中心に、多くの満洲人の集落があった。

一行は約二〇日間にわたって調査し、「言葉は亡びているが、満洲人特有の風俗習慣の若干が、他所よりも比較的多く保存されている」地域に入った。それは、満洲人と山東省から移り住んできた漢人との混住地域であった。烏拉街では六八八名、扶余と双城、それに阿城を含め、合計約一〇〇〇名もの満洲旗人を計測した結果について、鈴木誠と平野伍吉は一九四二年六月に『人類学雑誌』で発表した（写真6－6）。

鈴木らは言う。

身長は烏拉街及び璦琿《アイグン》の材料は稍《やや》小の部に入るが、他の部分は中等である。朝鮮人は大部分の地方型が稍小で、小部分が中等に属し、一般として満洲人の方が大きいが、体部の指数に於て朝鮮人と著差はない。……以上要するに、満洲人の或る地方型は、朝鮮人と一致し、全体としても朝鮮人に近い。満洲人の地方型が一致して朝鮮人と異なる点は、顔高及び鼻高稍高からんとするにある。(鈴木誠/平野伍吉「満洲旗人の体質人類学的研究」一九四二、二六一、二六二頁)

実は満洲旗人が住む烏拉街の他に、一行はまた吉林省郭爾羅斯《ゴルロス》前旗で、モンゴル人を対象に生体計測を実施していた。今村と鈴木、それに平野はこの時の調査結果に依拠して、満洲北部に暮らすモンゴルと「接近種族」の体質学的特徴を蒙古型と鄂倫春《オロチョン》型、それに達呼爾《ダウール》型と満洲型に分類した(今村豊/鈴木誠/平野伍吉「蒙古人の地方型及びこれと接触せる達呼爾並び索倫人」一九四二。写真6-6参照)。この分類法は後に権威的な基準とされるようになる。

黒龍江省アムール河沿岸のホージェン族

鈴木誠らより少し前、一九四一年六月に堀井五十雄と正木正明、それに宮本潔は満洲国の黒龍江省アムール河沿岸に住む、ツングース系のホージェン族(赫哲族、ゴルド)について調査を進めていた。ホージェンも満洲人も共にツングース系に属している。一行は次のように述べている。

現在、赫哲《ホージェン》族は以前と異り松花江下流にきわめて少なく、主として黒龍江の松花江合流点と烏蘇里《ウスリー》合流点の中間に多いのであるが、その満洲国内に於ける精確なる人口は不明なるも推定約六百、年々減少の傾向がある。固定して農耕を営むものは稀で多くは一定数の集団を作って漁猟狩猟に従事している。余等は主として黒龍江松花江合流点と烏蘇里合流点との中間秦得利に住む赫哲族男九六名女七一名に就き人類学的調査を行ったが、年齢的関係より（二〇～六〇歳）生体測定を行ったのは男六五女四七計一一二名であった。（堀井五十雄／正木正明／宮本潔「赫哲族調査報告」一九四二、三七七頁）

一行が得た計測データによると、ホージェン族の体質的特徴は、「頭部では長幅指数大、短頭乃至超短頭、絶対的頭長、幅径は比較的小なる方で朝鮮人殊に北鮮人に近い」という。今村、鈴木、平野らによる蒙古型と鄂倫春《オロチョン》型、それに達呼爾《ダウール》型と満洲型の分類に従えば、ホージェン族は「顴弓幅のや丶大なること及び四肢殊に上肢の長い点は蒙古型に近く、（今村豊）氏の満洲型、蒙古型の中間にあるものと云えよう」と結論づけている。諸民族の体質的特徴を型ごとに分類している事実から、人類学的研究も佳境に入りつつあったことが窺える。

死後間もない人骨を掘り起こす

モンゴルの人骨研究で有名人の地位に上り詰めた鈴木誠は、一九四三年一月に『赫哲族調査報告　頭蓋骨』を上梓した。管見の限り、この調査報告は、おそらく日本人類学会が公刊してきた「人類学叢刊　甲」シリーズの「人類学　第五冊」として最後を飾った成果であろう。鈴木はこの報告書の中で、現地よりもたらされたホージェン族の人骨に関する計測データを公にしている。鈴木は次のように書いている。

……余は、今回、その頭蓋骨二例に関して報告しようと思う。人類学的に興味は深いが、僻遠の地に散在して、次第に滅亡に瀕せる種族とて、既に生体計測ですら充分なる例数を集めることが容易でなく、況んや頭蓋骨に至っては、素状明らかな材料を得る事は極めて困難に属する。……

本報告の材料入手は、全く廣野治郎氏の好意による。同氏は満洲国三江省富錦に在勤され、赫哲《ホージェン》工作の深き経験者である。同氏の命により部下の赫哲が、生前熟知の男性(六十二歳)、女性(四十二歳)の頭蓋各一個を齎したのが即ち本報告の材料である。両例ともに黒龍江と松花江の合流三角地帯、綏賓県の濃露美部落の出身で、死後は松花江右岸富錦より約八粁上流の大屯附近に埋葬されたものと言う。(鈴木誠『赫哲族調査報告　頭蓋骨』一九四三、一頁)

この記述からわかるように、ホージェン族地域で工作活動をしていた廣野治郎が部下の現地人に命令し、死後まもない人骨を掘り起こしたものを鈴木は入手したのである。しかも、その骨は二人ともその部下の旧知の人間のものだという。いくら旧知とはいえ、同じ部落内の知り合いの墓を暴き、その頭部を「材料」として日本人に渡すことに村人が賛成したとは思えない。盗掘であったに違いない。廣野治郎と鈴木誠の手法は、清野謙次と金関丈夫がアイヌ人骨と琉球人骨を収集したのと同じである。

故郷の松花江を離れたホージェン人の頭は、今も日本のどこかの大学の研究室で「材料」として陳列されているのだろう。

「人種」論から民族論へ　横尾安夫の転換

このように、満蒙、そして西域と、日本の多くの人類学者たちが、終戦直前まで手段を問わず帝国領内の諸民族・諸「人種」の人骨を蒐集しては論文を発表していた。その中で、横尾安夫は早くから民族としてのモンゴルに注目するように変わっていた点で、他の研究者とは一線を画している。

既に触れたように、ヨーロッパで独自に発達した人種学はかの地の人種、白人種の優越性を前提にして立論していることに、横尾は批判的だった。そして、人間の肌の色の違いは色素沈着の度合いによるもので、優劣とはまったく無関係だと正面から反撥していた。

当時、大勢の日本人が大陸に降り立った際に、遊牧生活を営むモンゴル人の「純朴」と客好きな点を評価しながらも、「遅れている民族」と断じていた。横尾は自らの踏査経験に即し、そうした発展段階論的な見方は適切ではない、と論じた。彼は一九四一年春に『蒙古』という雑誌に「蒙古民族の将来」について、次のように述べている。

蒙古民族は所謂遊牧民である。我々から見ると簡易不潔な生活をした民族である。それで蒙古民族を視察した人は一様に云う。原始的遊牧民と。しかし私には遊牧民が原始的だという考えが充分納得が行かない。汽車や電車によって往来する民族が馬や牛車で往来する民族を原始的というのは、何も人間の本性に触れるところのない表現と云わなければならぬ。人間の生活形態は元より生得のものもあるけれども、環境によって支配せらるところ尠しとしない。蒙古民族が遊牧民であるのは別に民族として劣等な為では毫もなく、その大亜細亜の広大な内陸地帯を生活舞台

としているが為に外ならない。（横尾安夫「蒙古民族の将来」一九四二、一七頁）

狩猟や遊牧を「原始的」と見做すのは、農耕民側の差別と偏見であって、決して学問的に証明された見解ではない。大陸に進出して植民地政策を実施した日本人は、遊牧を「原始的」と断じはしたが、モンゴル人やツングース系の狩猟民族を強制的に定住化させるような政策をさほど強制しなかった。ところが諸民族を「日本帝国主義支配から解放した」と自任する中国共産党が後に苛烈な定住化政策を進め、抵抗する人たちを容赦なく殺害していったのは、歴史に対する皮肉であろう。

戦争が終わる一年前の一九四四年四月、横尾はふたたび『蒙古』に「人類学上から見た蒙古民族」という文を寄せた。タイトルからわかるように、彼はここで「蒙古民族」との言葉を用いており、「蒙古人種」とは表現しなくなった。モンゴル民族の体型はその遊牧生活と関係し、現生人類の中で「一極端型を提示」しているという。身体的な特徴で人種を識別するという人類学的研究が限界に達した事実を、横尾安夫は感じ取ったのである。

終章

ビッグデータとしての骨　研究と倫理の狭間で

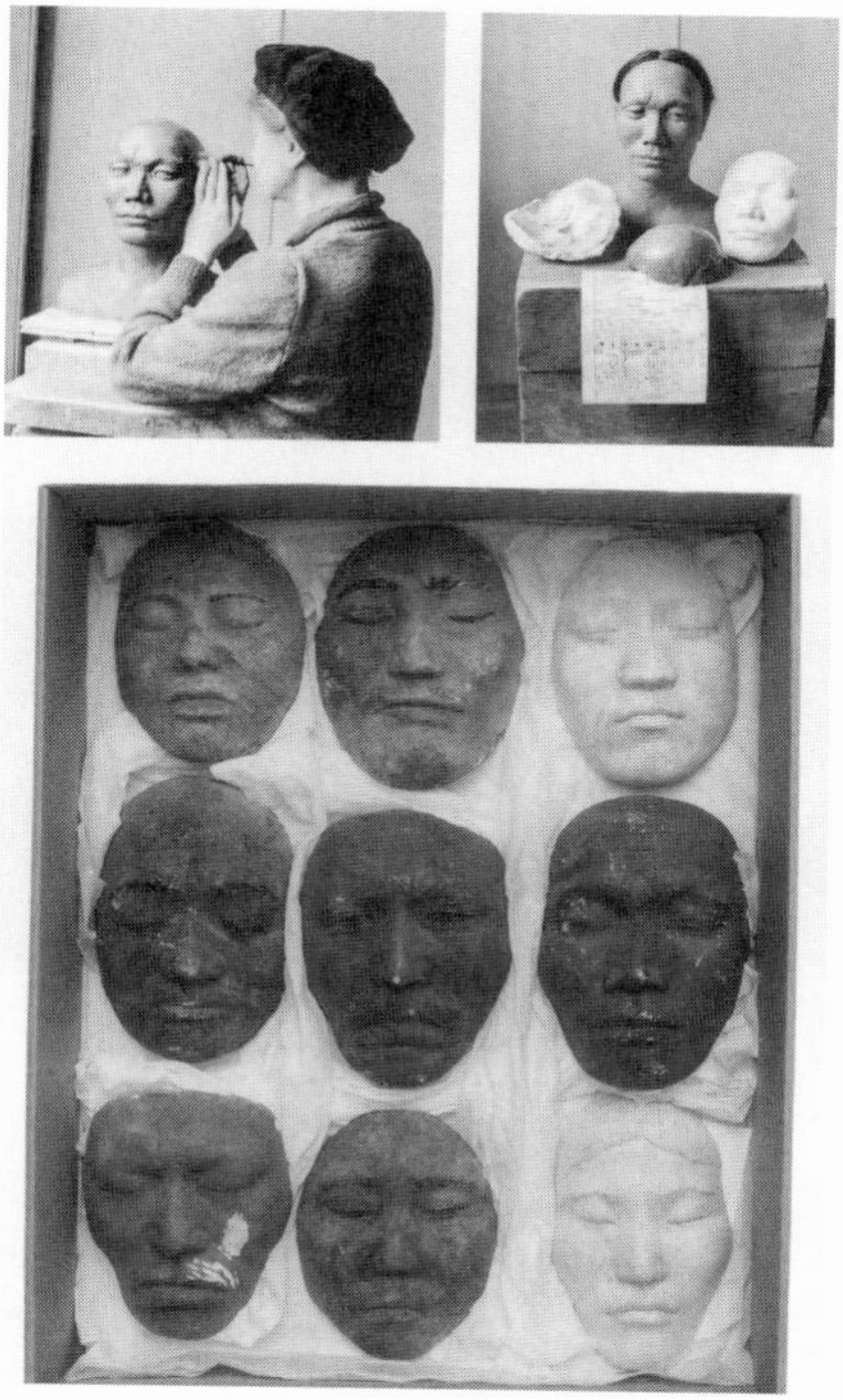

デンマークの探検家ハスルント＝クリステンセンらも1930年代にモンゴル各地を調査旅行し，モンゴル人の顔面計測をおこなってマスクの型を取った．彼らは後日，そのマスクから顔を復元して民族学的展示を実施した．人骨を収集しなくても学術研究は可能だという実例の一つである．*Among Herders of Inner Mongolia* 2017より．

本書では日本の人類学者や考古学者たちが明治期から繰り広げてきた人類学的「人種」研究やその言説、理論を植民地モンゴル(満蒙)の視点から振り返ってきた。これまで見てきたように、彼らの研究「材料」である人骨は日本列島だけでなく、帝国支配下の南モンゴルや満洲、ひいては新疆(東トルキスタン)からも多数もたらされていた。東部ユーラシアのモンゴル草原での実地調査のデータが近代日本の学知を支えてきたのである。

本書で取り上げた江上波夫と金関丈夫、清野謙次と小金井良精、鳥居龍蔵と横尾安夫らはいずれも気宇壮大で、学問研究も守備範囲の広い学者である。一つの断面でもって彼らの全体像を語ろうとする意図を私は持っていない。現在の倫理観に即して、「我が宗主国」日本の植民地経営期の営為をすべて否定し、批判しようとする目的もない。ただ、彼らの創出した学知の断面や断層が大日本帝国というマグマの一部を成していたのは事実である。本書はあくまでも大日本帝国の統治が及んだモンゴル草原からの学説的回顧である。

では、こうした研究のその後はどうなったのか。現在の人類学者や考古学者たちはどのように「人種」「起源」について語り、如何なる問題を抱えているのだろうか。

赤澤威の誘い

人類学ほど、自らの近代史を反省すべき学問はないだろう。しかし、人類学者、なかんずく形質人類学者たちが今日まで問題を先送りしてきた感は否めない。

二〇〇〇年一二月二日の名古屋。「乾燥地域の環境変動——人類誕生から現代まで」と題する国際シンポジウムの席上で、私は国際日本文化研究センターの教授(当時)で、人類学者の赤澤威に出会った。長身のジェントルマンの赤澤は一九九三年にシリア北東部のアレッポ近郊でネアンデルタール人の子どもの人骨を発見し、九五年一一月には東京大学総合研究資料館で「ネアンデルタールの復活」という展示を実施し、文字通り遺伝子情報の解析を通して、ネアンデルタール人の特徴を捕らえようと挑戦していたことで知られていた。私は彼の名著『ネアンデルタール・ミッション』(二〇〇〇)を読んでいたが、まさかシンポジウムで同席するとは思わなかった。

人類は二度にわたってアウト・オブ・アフリカを成功させ、その舞台はいずれもシリアだった、と赤澤は壮大なドラマについて語った。一度目は一八〇万年前のホモ・エレクトス(原人)で、二度目は現生人類のホモ・サピエンスで、約二〇万年前に果敢にアフリカ大陸を出てユーラシアに渡ってきた。彼は当時、ネアンデルタール人を「古代型ホモ・サピエンス」と呼び、現生人類との混血の可能性について大胆に触れていた。その後の研究で、ネアンデルタール人とわれわれホモ・サピエンスは長期にわたって、ミトコンドリアDNAとY染色体を交換し合っていた、つまり交雑し合っていたことが判明したのである(篠田謙一『人類の起源』二〇二二)。

乾燥地域、すなわちユーラシア大陸の草原と沙漠の環境変動がテーマだったので、私は草原を破壊し、沙漠化をもたらしたのは農耕民であって、遊牧民ではない、と自身の経験と現地調査に基づいて報告した。赤澤は人類全体の歴史から見ても、農耕民は食糧不足によって生まれたのではなく、その土地に遺伝的に栽培に適した植物に出遭うことによって出現したと主張していた。同じように、人類の別のグループも家畜化に適した野生種の動物に出遭わなければ、遊牧民の誕生もなかったのである。

そもそも、沙漠は最初から存在していたのであり、自然環境を破壊し、沙漠の拡大をもたらしたのは人類の農耕活動が原因で、遊牧民ではない。専門が異なっていても、地球の環境変動に関する見解は一致し、私は赤澤に共同研究に誘われた。

「僕は今、モンゴロイドの研究をしている。楊さんはモンゴル人だし、研究に加わらないか」。

恩師たちと同世代の偉大な先学に招待されたことで、私はうれしくなっていた。しかし、私は基本的に「人種は存在しないし、ましてやモンゴル人は蒙古人種(黄色人種)の代表でも何でもない」との立場だったので、正直、困惑もした。たとえモンゴロイド云々という人類学的思想や暫定的な概念が成立するとしても、肌の色が白と黒以外の民族は無数にあるので、モンゴルという小さな民族を研究している私には、大規模な「蒙古人種プロジェクト」を動かす能力もないと自覚していた。フランスが生んだ二〇世紀の「知の巨人」たるレヴィ＝ストロース流にいえば、文化の多様性の方が、肌の色より遥かに多種多様だから、「人種研究」に魅力を感じなかったのである(『レヴィ＝ストロース講義』二〇〇五)。

「人種はもちろん、一つしかない。ただ、人類がそれぞれの環境の中でどのような生活戦略を立てて生存してきたかを知りたい」と赤澤は説明した。かくして、草原という乾燥地における遊牧民としての生存戦略について、私は研究することになったのである。

現代人の遺伝子などを調べながら、モンゴロイドとコーカソイド、そしてニグロイドなどの「人種」の進化の系統樹を打ち立てよう、と赤澤らは研究を進めた。骨格人類学は、系統樹の枝振りに携わった人間の姿形の変化を知る上で重要である。そのためには、人間の顔、文化、生活環境をダイレクトに写した写真などの映像記録が大事である。そのような考えで赤澤は民博の佐々木史郎と共に『モンゴロイド諸民族の初期映像記録』を二〇〇〇年に公開していた。北海道・樺太アイヌがシベリアの先住民と文化の面でも遺伝子の面でも近い関係にあることは、映像資料を見れば一目瞭然である。

現生人類は人種《ヒト》としては一種類しかないが、それでも自然環境への適応過程の中で、身体上の特徴はそれぞれ顕著になったという点に関心があったので、諸民族の表情の違いと行動パターンの差異について、私は研究を続けた。言い換えれば、人類が生活してきたそれぞれの自然環境の中で、身体と表情、文化と社会が各々いかに変化してきたかが重要だということだ。

「モンゴル人の遺伝的遺産」のセンセーション

科学の進歩は今日においても、拡大解釈と空想、時には暴論の起爆剤にもなる結果をもたらしている。二〇〇三年、タティアナ・ゼルジャルを筆頭執筆者とする研究グループは、アメリカの遺伝学研究雑誌で「モンゴル人の遺伝的遺産」と題する論文を発表し、世界的なセンセーションを巻き起こした。ユーラシア大陸の約二〇〇〇人の男性のＤＮＡを分析した結果、その遺伝子は凡そ一六〇〇万人もの男性に共有されていることがわかった。共通の祖先を古代へと辿ってみると、大体八五〇年前のある人物、すなわちチンギス・ハーンにつながる可能性が出てきたというのである(Tatiana Zerjal, Yali Xue, and others, *The Genetic Legacy of the Mongols*, 2003)。

ユーラシアの遊牧民世界では、紀元前のスキタイや匈奴時代から神聖な家系があり、モンゴル系でもトルコ系においても彼らは「白い骨」集団と呼ばれていた。ロシアの研究者はそのような有力な家系を「ステップ貴族」と呼んだ。集団の統廃合と勢力の助長があっても、「ステップ貴族」の血統上の神聖性は変わることなく、二〇世紀初頭のロシア革命まで続いた。ユーラシアの男性に普遍的に見られるDNAは、おそらくその「ステップ貴族」と無関係ではないだろう。ゲノム人類学を専門とする北里大学医学部教授の太田博樹は、「チンギス・ハーンと同じY染色体を持つ系統が支配者となり、この一族のY染色体がほかの一族を圧倒して多くの子孫を残した」可能性がある、と解説している。

ところが、太田のように社会組織と歴史的な連関を考える冷静な人は意外に少ないように見える。どちらかというと、むしろ「とてつもない生殖能力」を持ち、「精力の強い男」としてチンギス・ハーンを語ろうとする文筆家が多いのではないだろうか。チンギス・ハーンを誇大妄想的に描くことで「モンゴルの侵略」につなげ、そこからさらに「黄色人種《モンゴロイド》」の脅威を強調しようとする下心すら見え隠れする。いわゆる「黄禍論」の再来である。

黄禍論と黄色人種のナショナリズム

黄禍論、すなわち「増大する黄色人種がヨーロッパの白人の脅威になる」との人種主義的思想は、時代と共に変化してきた。日露戦争後の主役は日本で、現在は中国に変わりつつある。「黄色人種」は最初からあったのではなく、アジア人それも東アジアに暮らす人類の社会的地位が変化し、ヨーロッパの注意を引くようになるにつれて創られた概念である。

人種主義の研究者によれば、アジア人、特に東アジア人はそもそも自身の肌の色に無関心だった。近世に入ってから「紅毛碧眼」の西洋人がやってきた時も、体質上の違いから相手を「野蛮人」と呼んだのではなかった。古くから隣り合って生活し、軍事的脅威を受け続けてきた匈奴や突厥、それにモンゴル等と同じように、西洋人の武力行使やその軍事力との差の原因を「野蛮性」に求めたのである。しかし、ヨーロッパから事あるごとに「黄色人種」や「蒙古人種」論で描かれてきたので、ついに「黄色人種」について自覚せざるを得なくなった。

日本の場合、清朝中国よりも早く近代的な西洋の学問を翻訳して消化したので、「人種学」も盛んになり、日本国内だけでなく、アジア大陸の「諸人種」に関する研究も一世を風靡した。しかし、名をとられた当のモンゴル人は「黄色人種」の代表になるつもりはなく、人種論の盛衰にもほぼ無関心である。

これに対し中国は以前から近代西欧起源の「人種学」に概ね好意的である。それは、近代産業革命以降は西欧に遅れを取ったものの、古代においては自分たちの方が進んでいたという自己認識があり、中国人は「北京原人」の時代から続く地球上最古の人類で、最も「優秀な人種」だと自負しているからである。

そして、文化大革命が一時終息してからは逆に民族主義の高揚を利用し、自身が「黄色人種の代表の座」に上がろうとしている。一九八〇年代後半に中国全土で強烈な民族主義の旋風を巻き起こしたドキュメンタリー『河殤《かしょう》』(「黄河の悲しみ」との意)にはこんなナレーションがあった。

我々中華民族のルーツはどこにあるのか。黄色い肌の中国人ならみんな常識として知っている。中華民族は黄河によって育まれた偉大な民族だ。……黄色い水と黄色い土、そして黄色人種！なんという神秘的な関係だろう。黄色人種の肌は黄色い黄河の水が染め上がったものである。

(蘇暁康／王魯湘『河殤』一九八八、一〇頁)

番組の中の中国の知識人たちはこのように「黄色人種」を称賛してから、一八四〇年代のアヘン戦争以降「黒髪にして黒い眼の黄色人種」の代表である中国人は「金髪にして青い眼の白色人種」の西洋列強に負け続けて没落の一途を辿り、「百年の恥辱」を味わったとしている。

こうした中国の反西洋のナショナリズムには、自省をまじえつつも常に他者、他民族への敵視がある。「白人種」の西洋列強よりも、同じ「黄色人種」の「倭寇」たる日本が中国を「侵略し続けた裏切り行為」への怒りをあらわにし、そして日本を批判する際も必ずと言っていいほど、歴史上の「蒙古人の中国侵略」を引き合いに出す。「苦難に満ちた中華民族」論には民族主義、人種主義が見える。

シベリア・パジリク古墳群から発掘された遺体

モンゴル人は広大なユーラシア大陸で、無数の集団と混血を繰り返してきた。モンゴル高原北部、シベリアを流れるオビ河の畔にパジリクの古墳群がある。一九二〇〜三〇年代に旧ソ連の考古学者たちが発掘したところ、ある古墳の中から男女二人の遺体が出てきた（写真終-1、2）。寒冷な気候のために冷凍状態となったため腐敗せずに残り、遊牧民の文化を知る格好の手がかりとなった。男性は六〇歳ほどでモンゴロイドに属し、女性は四〇代のエウロペイドである。男性の頭部には鶴嘴斧による打撃痕があり、頭皮は剝がされ、内臓も摘出されていた。すべて「歴史の父」ヘロドトスが伝える古代の遊牧民スキタイの埋葬法と一致していた（藤川繁彦編『中央ユーラシアの考古学』一九九九）。このように、紀元前五〜三世紀のモンゴル高原の住民も実際は多「人種」だった事実を、古墳から出土した遺骸が示している。今でも、草原に暮らす遊牧民の家族に突然、金髪、青い眼の子どもが誕生することがある。我が家の近くにもそのような家族はいた。激しい混血が長期間にわたって繰り返されてきたので、遺伝子が安定していないためであろう。そのようなユーラシア世界では、自身のルーツを探し求めることには何の意味もないのである。

日本が冒険とフィールドワークの天地を失ってから四〇年後の一九八五年、京都大学人類学研究会が刊行している『季刊人類学』（第一六巻第三号）は「国家成立前後の日本人——古墳時代人骨を中心にして」と題する特集を掲載した。特集は、同年四月に九州大学医学部で開催された日本解剖学会のシンポジウムに寄せられた論文で構成されていた。

日本民族はいつ、どこから来たのか。かつては清野謙次らが「アイヌ先住民説」に反対し、仏教を持ち込んだ帰化人による「日本解放」説を唱えていた。大陸から移入された体質と文化が日本民族の形成に重要な役割を果たした、との仮説である。その後、文化人類学者の石田英一郎と岡正雄らは古墳時代説を、また大林太良は奈良朝初期に引き下げるべきだとそれぞれ唱えていた。そのうち、古墳時代説は江上波夫の「騎馬民族征服王朝説」との共通点が多い。

これに対し、シンポジウムでは、池田次郎らが、古墳時代人骨は日本人の起源を研究する上で主役を担うが、これからは弥生時代人骨を重視し、朝鮮半島などの集団と比較検討する必要があると強調している。そして、今後はふたたび清野や金関らが広範囲にわたって計測してきた人骨研究の成果を積極的に活用しなければならないと発言していた。

写真終－1　シベリアのパジリク古墳出土ミイラ頭部．エルミタージュ美術館所蔵．2012 年 4 月撮影．

写真終－2　シベリア南部からモンゴル高原にかけて出土した匈奴人戦士のマスク．顴骨が突出しているのが特徴的である．エルミタージュ美術館所蔵．2012 年 4 月撮影．

日本民族バイカル湖起源説

日本の人類学者や考古学者たちの研究上の特徴は、常にその時代の最先端の科学技術を駆使する点にある。一九九〇年代に入ると、人類遺伝学を専門とする松本秀雄は「全世界に分散する多数の蒙古系民族の血清試料について検査を進めることができた」。ソ連科学アカデミーの人類遺伝学部門の協力を得ていたからである。血液学や遺伝学、そして分子生物学の立場から研究を推進した結果、松本は「日本民族バイカル湖起源説」を提示した。

このGM遺伝子の特徴は、今日までに発見されているいずれの血液型とも全く違って、モンゴロイド(蒙古系)、コーカソイド(白人)、ニグロイド(黒人)という言葉で呼ばれている、いわゆる人種の違いが識別できる血液型である。このような特徴によって、人種の識別はもちろんのこと、違った人種との混血の割合、それぞれの民族の特徴や遺伝子の流れに基づいた民族の移動の跡づけなどに、予想しなかった大きな意味をもつことがわかってきた。……

蒙古系民族は「北方型蒙古系民族」と「南方型蒙古系民族」の二つのグループに分かれる。そして「日本民族は北方型蒙古系民族に属し、そのルーツはバイカル湖畔にある」という結論が得られたのである。(松本秀雄『日本人は何処から来たか』一九九二、三頁)

このように、松本の学説はそれまでに有力視されていた日本民族南方起源説に対する強い反論となり、大きく注目された。時代こそ異なるが、江上の「騎馬民族征服王朝説」を側面から援護する意味も帯びていた。一方、国立歴史民俗博物館の副館長だった佐原真は、専門とする考古学の見地よりも、文化人類学的な視点から江上説を否定しようとした。遊牧民が多種類の家畜を同時に管理するには、オスに対する去勢とメスの乳の利用が不可欠である。そうした牧畜文化は日本にほぼないので、騎馬民族は来なかった、という。NHKの番組で二人はゲストとして登場して討論し合ったが、双方とも相手を説き落とすことはできなかったことを鮮明に覚えている。

私の母校である総合研究大学院大学には生命科学研究科遺伝学専攻があり、拠点は静岡県三島市の国立遺伝学研究所である。教授の斎藤成也は、生命と地球の「歴史」を「歴誌《れきし》」と定義している。歴史は文字の記録を基本とするが、人類が文字を使用し始めた期間は短い。文字記録の上にさらに科学的な情報を重ねれば、歴史以前の人類の行動もある。それが歴誌である、という。

斎藤の研究グループは、母系遺伝するミトコンドリアDNAや、父系遺伝するY染色体について、電子顕微鏡による高い解像度で細胞内を調べた結果、アイヌ人と沖縄の人々に遺伝的な共通性がある、と証明した。日本列島のヤマト人（本土の日本人）は、大昔に日本列島に渡って来た北縄文人と、稲作をもたらした弥生人の混血である。その割合は前者は二割程度、後者が約八割であるという。「ヤマト人は、韓国人と祖先を共通にする弥生系渡来人からDNAを八〇％ほど受け継いでいる」と斎藤は推定している（斎藤成也『歴誌主義宣言』二〇一六）。二〇二〇年夏、私が斎藤研究室を訪問した際、現在は中央ユーラシアの諸民族の移動について研究している、と斎藤は大陸に思いを馳せていた。

日本に渡ってきた南モンゴル東部の雑穀農耕民

二〇二一年の暮れ、日本語や朝鮮語を含む東アジアの諸言語間の起源を探ることを目的とした共同研究の成果が発表された。「朝鮮半島の古代集団や渡来系の弥生人と、西遼河の新石器時代雑穀農耕民との遺伝的連続性」が見つかったという。つまり、南モンゴル東部の西遼河に住む、新石器時代の雑穀農耕民が何らかの原因で南へ移動し、朝鮮半島を通り、日本列島に入ってきたのである。

しかし、不思議なことに、この西遼河の古人骨の持つゲノムは、その周辺のモンゴル語族やテュルク語族、ツングース系語族とは関係がない（篠田謙一『人類の起源』二〇二二）。細かい年代こそ多少のずれはあるかもしれないが、鳥居龍蔵と江上波夫が複数回にわたって調査した「新石器路」の住民と日本人の関連性がふたたび注目されたことになる。雑穀農耕民はおそらく遊牧はしていなかっただろうが、日本に上陸したことは証明されたわけである。

日本に来た雑穀農耕民と、私たち遊牧民のトルコ系やモンゴル系諸集団との関係が薄いことも納得できる。大陸における諸集団の方がもっと激しく、大規模移動を展開していたからである。時代は下って、鉄器時代にあたる紀元前八世紀から前二世紀にかけてユーラシア大陸を席巻したスキタイと称される遊牧民も、地域によって遺伝的構成が異なる。紀元前三世紀になると、東部ユーラシアに匈奴が出現する。匈奴は東西二つのグループに分かれていたことも、ゲノム解析で明らかになった。西のグループにはスキタイとの混淆を示す遺伝的特徴がある、と最新の人類学的研究成果は物語る（篠田謙一『人類の起源』二〇二二）。

こうした最新の成果を踏まえれば、「北京原人」から山頂洞人を経て、あらゆる化石人類を直系的な「中華民族の祖先」とする考古ナショナリズムは、人類の移動の原理に逆行する反知性主義と指摘せざるをえない。

再利用される「過去の遺産」としての人骨

日本国内では現在でも、古人骨のDNA解析を通して日本人のルーツを探す研究が続けられている。一例を挙げると、琉球大学医学部の土肥直美は二〇〇八年に発表した論文で、「沖縄の遺跡から出土する人骨の調査を通して、日本人の祖先たちの足跡を辿ろうとしてきた」と標榜している。九州大学理学部で形質人類学を学んだ土肥は、学位論文を執筆する際、かの金関丈夫本人の骨格を研究材料の一部として用いた。九州大学には金関らが収集した一〇〇〇体を越える人骨が保管されている。金関の門下生たちが主宰する台湾大学(旧台北帝国大学)医学院解剖学科にもまた、一五八〇体もの人骨が保管されているという。

土肥のような人類学者たちは、旧石器時代の港川人化石が発見された沖縄と九州、そして本州と四国などを含めて、日本列島全域への現生人類の拡散を視野に入れている。更新世(約二〇〇万年前から一万年前)の終末期に琉球列島にやって来た南方系(縄文系)の人たちは日本列島に拡がって縄文系となり、その後は北方系の渡来人が加わった、とする学説である。

実は、このような「渡来混血」学説は、京都帝国大学の清野と台北の金関らが発掘した古人骨の計測と生体計測のデータから得たものである。これに異議を唱えたのは東京大学の長谷川言人《ことんど》らで、関東地方からの古人骨研究から、日本列島人は外部からの影響を受けずに独自に進化したと譲らなかった（土肥直美『沖縄骨語り』二〇一八）。最終的には、本書でも取り上げた血液や遺伝子解析により、渡来人の交雑と関与を否定する見解はほぼ退陣した。

土肥はまた石垣島で二〇一〇年に発掘調査された白保竿根田原洞穴遺跡から得られた、約二万年前のものとされる四〇〇点もの古人骨の存在に注目している。しかも、その人骨からＤＮＡが抽出された。分析を担当した篠田謙一によれば、ミトコンドリアＤＮＡのハプロタイプは南方に分布の中心を持つものであるという。

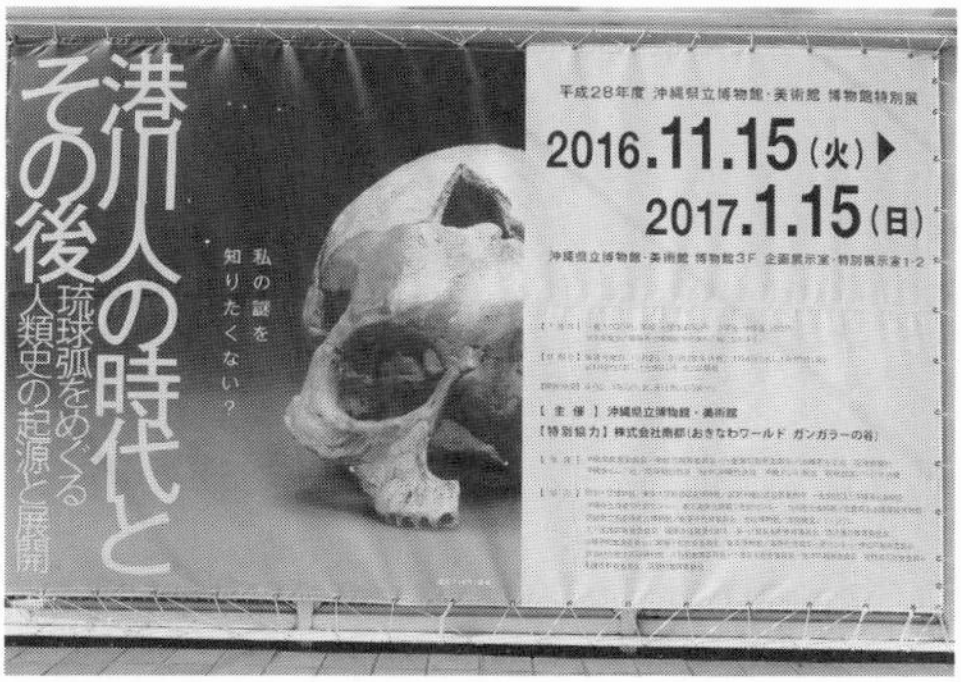

写真終－3　「港川人の時代とその後」のポスター．2016 年冬撮影．

私は、今世紀に入ってから台湾各地の先史時代遺跡を見学した。十数年前からまた沖縄諸島を訪問し、二〇一六年冬には沖縄県立博物館・美術館で開催された「港川人の時代とその後」を見に行った（写真終－3）。東アジア各地への人類の拡散を探究する際に、琉球弧の存在がいかに重要かを示す重厚な展示だった。二〇二二年春には、また石垣島など南西諸島の遺跡を見て回り、かつて金関らが人骨を蒐集した墓地と同様の埋葬文化が連綿と続いてきたことの意義も再確認した。

人骨研究をめぐる倫理問題　民族問題への飛び火も

タブー視する必要はないが、清野謙次と小金井良精らに代表される人類学者たちの人骨収集の方法については、一九八〇年代から多くの批判が出されている。それは「学問の暴力」で、制度と学術に守られた権力の暴走だとの指摘である（植木哲也『新版 学問の暴力』二〇一七）。現地の人々の大切な祖先、供養の対象を単なるモノとして大学の倉庫に陳列する行為は「大学による盗骨」（松島泰勝／木村朗）であり、アイヌ、沖縄の人々からすれば、支配の政治力を行使され「奪われた人骨」には植民地主義が刻まれているように映る（松島泰勝『琉球 奪われた骨』二〇一八）。松島泰勝は、港川人を根拠に琉球人を現代日本人の祖先と見做す「日琉同祖論」への反感を述べている。

本書の冒頭で述べたように、日本でも人骨を取られた側からは訴訟が起こされ、本来の埋葬地・故郷への返還が求められている。しかし、いまだに大学側と当事者側の間では必ずしも和解が成立していない。国立科学博物館長の篠田謙一は二〇一一年に『学術の動向』誌上で次のように心情を吐露している。

明治期に始まる日本の人類学研究の中で、アイヌ民族の系統と由来は常に重要な研究分野として注目されてきた。その研究の基礎となる人骨の収集も明治から昭和にかけて継続的におこなわれ、現在では全国の大学研究機関に一五〇〇体を越えるアイヌ人骨が収集されている。これらの人骨を用いた自然人類学研究から、アイヌ民族の系統や現代日本人の成立に関する様々な学説が提示されて来た……

人骨は、集団の由来や、過去の社会、祖先の生活を知ることのできる唯一の証拠であるが故に、現代に生きる私たちにとって貴重な資料であるという側面を持っている。……また、DNA解析技術の進歩によって、古人骨から膨大な情報量を持つ核DNAの情報も取り出すことができるようになっており、将来的にはより詳細な生活史の復元も可能になることが予想される。（篠田謙一「アイヌ人骨の自然人類学的研究とその課題」二〇一一、八三―八六頁）

篠田は、アメリカをはじめ一部の先進国で起こっている返還の動きには消極的で、アイヌも本土日本人も共に日本列島の成立の基盤を創ったので、他の先進国とは事情が違う、と説明している。篠田の見解は、日本でアイヌ、沖縄の人々への人骨の返還がスムーズに行かない理由を明確に示している。日本人人類学者たちの行動が批判されているのは、研究手法だけが問題なのではなく、アイヌ、沖縄の人々の居住地域が現代日本に併合されていった過酷な歴史とも無関係ではない。帝国の領土拡張のプロセスが投影されているのである。それは、本書が示した数多くの事例からも読み取れるはずである。

懸念される遺伝学情報の政治利用

私はまた、いわゆる「科学」研究と文化との衝突もあるのではないかと考えている。一般に理科系の研究者が科学研究を神聖視するのに対し、文系の場合は伝統や文化の価値観を優先する。本書で示してきた事例に即して言えば、理科系は篠田のように遺骨の科学材料としての価値を強調するが、文系は当事者への返還と埋葬文化、そして現地人の精神世界を尊重する。科学がその哲学的側面を忘却しつつある今日、文化との両立は困難に思われる。

ナチス・ドイツによるホロコーストの反省から、文化人類学者のレヴィ＝ストロースは一九五二年に『人種と歴史』を書き、人種主義の横行と膨張について批判し、再度の犯罪を防ごうとした。その後、レヴィ＝ストロースは人類学と遺伝学者の「遺伝子プール」との「新たな同盟」関係について触れていた(レヴィ＝ストロース『レヴィ＝ストロース講義』二〇〇五)。それは、人類学者と遺伝子学者が構築した人類に関する遺伝学情報の政治的利用に関する懸念である。残念ながら、その懸念は現在ますます強まってきている。

私は、日本の人類学者たちが緻密な計測手法と職人気質の精神で過去に構築した人骨に関する膨大な数値データと新しい遺伝子情報が、独裁体制の専制主義的統治に悪用されることを懸念している。現に中国は日本の顔認証技術を導入し、全国それも特に新疆ウイグル自治区や内モンゴル自治区、それにチベット自治区で監視カメラを無数に設置している。顔認証技術を補強しているのは現地で採取したDNA情報と目の虹彩等の身体的特徴である。二〇二〇年夏に内モンゴル自治区で中国政府の教育政策に反対する抗議活動が勃発した際、中国政府はこうした顔認証技術を駆使して短期間に数百人もの女性保護者たちを逮捕し監禁している(楊海英／Sayina 他編『中国政府による文化的ジェノサイドに抵抗する内モンゴル自治区のモンゴル語保護運動資料』二〇二一)。

「人種」の思想に決別を

人類学も考古学も現地調査《フィールドワーク》に立脚した学問である。そして、調査した側には植民地宗主国の出身者が圧倒的に多いのに対し、調査された方は被支配者である。過去の植民地支配に起因する貧困と戦乱はいまだに続いており、「調査する側の論理」と「調査される側の迷惑」は存在していると、私が属する文化人類学会は痛切な反省を表明している（祖父江孝男『文化人類学入門』一九七九）。しかし、人骨を返還しようとしない旧態依然たる「ルーツ探し」の形質人類学界には、結局のところ「調査する側の論理」がまだ強く残っているのではないだろうか。「調査される側」のアイヌと琉球、それにルーツの源の一つとされる「満蒙」からすれば、「迷惑」のほかないのである。

人類学的に見れば、絶滅したとされるネアンデルタール人を研究してきた我々ホモ・サピエンスは二つのものを得た。「我々は勝った」という優越感と、同様に絶滅するのではないか、という恐怖感の二つである。しかし実際のところ、ネアンデルタール人の遺伝子の一部は我々ホモ・サピエンスの体内に生きているのである（レベッカ・ウラッグ・サイクス『ネアンデルタール』二〇二二）。

日本列島の住民も、アイヌや琉球、それに満蒙に勝ったとの優越感に沈溺するのではなく、また、大陸の諸民族のように興亡を繰り返した歴史に対して、恐怖感を抱く必要もない。優越感と恐怖感から生じる「人種」の思想、ルーツ探しと決別する時期が来ているのである。

人種主義の根底にある不寛容

二〇二二年夏、私は久しぶりにアメリカを再訪した。ニューヨークにある「アメリカ自然史博物館」を訪ねてみると、門前に建っていたルーズベルト像の台座が黒色のシートに包まれているのに気づいた。博物館員に確かめると、「取っ払った」

と冷たく言われた。本書序章の扉頁を飾った写真である。馬上のルーズベルトは右下に「赤色人種」の先住民を、左下に「黒人種」のアフリカン・アメリカンを連れている。

私が最初にこの銅像を目にした際、「白人種」を中心に高く据え、両サイドの「有色人種」が低く設定されていることが「差別」的とは思わなかった。むしろ、大統領が騎馬で、従者が徒歩であることの方が、非合理的だと感じた。私たちユーラシアの遊牧民社会では、大ハーンも護衛兵も共に馬に跨って行動するので、視線も姿勢も常に均等である。人種も民族もまったく無関係である。現に台湾の台北故宮博物院に保管されている「伝劉貫道画　元世祖出猟図」が描く世祖フビライ・ハーンの身辺護衛には「黒人種」が当たっている。モンゴル人は誰もそれを不自然に思わない。大ハーンも黒人兵も皆、騎馬の姿で猟を楽しんでいる。

「人種差別のシンボル」とルーズベルト像を批判して撤去しただけでは、人種主義に基づく差別はなくならない。この像が建っていた頃は、博物館内に入ると、一階の右側に議論の場が設けてあった。世界中からの見学者の賛否両論が併記されていたので、さすがに言論の自由のあるアメリカの度量は大きいと感心したものである(本書序章扉写真)。像が撤去されて倉庫入りしたら、議論の場もなくなってしまうのではないか。

同じように感激した例はもう一つある。

ワシントンDCにあるスミソニアン博物館群の一つ、「アメリカ・インディアン博物館」内の展示の「アメリカ」という女神の扱い方である。「白人種」にとって、「白人の女性」で表現されている女神は開拓者を東から西海岸へと導いていく神である。これに対し、先住民にとっては征服と殺戮をもたらした存在でしかない。このように根本的に異なる認識を具現化した作品を堂々と展示し、訪問者のそれぞれの見解を問う姿勢は、スケールの大きい思想の現れである。

人種主義の根底にあるのは不寛容であろう。不寛容に基づく差別の思想は隠蔽と沈黙、あるいは内輪だけの正義論では解決できない。日本国内のアイヌ人骨や琉球人人骨をめぐる一連の議論も、旧植民地と無関係の線上で繰り広げられている。

また、ユーラシア大陸の東部にルーツを求める日本人起源論も、日本という狭い土俵上での独り相撲になっている。旧「満蒙」の住民は、誰も日本人との「親戚関係」を確認しようと思っていない。日本の「人種学」とルーツ探しに、旧植民地の存在を一方的に、また巧みに隠そうという狙いが隠されているのであれば、倫理的な問題が残る。

人類学と考古学の発展を支えてきたのは、ほかでもない旧植民地で獲得した学知である。過去に大帝国を標榜した以上は、寛容精神に基づいて、旧植民地も視野に入れた、壮大な規模で学問的議論を展開すべきだと考える。

参考文献

青木一夫訳　一九六〇『全訳マルコ・ポーロ東方見聞録』校倉選書。
赤澤威　二〇〇〇『ネアンデルタール・ミッション』岩波書店。
赤堀英三　一九四一「蒙古高原の古代人骨」東亜考古学会蒙古調査班編『蒙古高原横断記』日光書院。
アルマス、トルグン　二〇一九『ウイグル人』(東綾子訳)集広舎。
池田次郎ほか　一九八五「国家成立前後の日本人――古墳時代人骨を中心にして」京都大学人類学研究会編『季刊人類学』第一六巻第三号。
今村豊／島五郎　一九三八『蒙古族及び通古斯族の体質人類学的研究補遺　其三』京城帝国大学満蒙文化研究会。
――　一九三九「北満諸民族の体質人類学」『人類学・先史学講座　第七巻』雄山閣。
今村豊／鈴木誠／平野伍吉　一九四二「蒙古人の地方型及びこれと接触せる達呼爾並び索倫人」『人類学雑誌』第五七巻第八号。
植木哲也　二〇一七『新版　学問の暴力』春風社。
于田ケリム／楊海英　二〇二一『ジェノサイド国家　中国の真実』文春新書。
江上波夫　一九四一「内蒙古高原の生活」東亜考古学会蒙古調査班編『蒙古高原横断記』日光書院。
――　一九六七『騎馬民族国家――日本古代史へのアプローチ』中公新書。
大出尚子　二〇一四『「満洲国」博物館事業の研究』汲古書院。
太田博樹　二〇一八『遺伝人類学入門――チンギス・ハンのDNAは何を語るか』ちくま新書。
大西雅郎／鈴木誠　一九四一『蒙古人、支那人及び朝鮮人頭蓋諸骨の人類学的研究』日本人類学会(人類学叢刊　甲　人類学　第三冊)。
小熊英二　一九九五『単一民族神話の起源――〈日本人〉の自画像の系譜』新曜社。
小谷部全一郎　一九二四『成吉思汗ハ源義経也』冨山房。

片山章雄編　二〇〇四『予會〆英国倫敦に在り　欧亜往還　西本願寺留学生・大谷探検隊の一〇〇年』大谷記念館。
加藤九祚　二〇一一『完本　天の蛇――ニコライ・ネフスキーの生涯』河出書房新社。
金関丈夫　一九三〇「琉球人の人類学的研究」『人類学雑誌』第四五巻第五附録。
カルピニ／ルブルク　一九八九『中央アジア・蒙古旅行記――遊牧民族の実情の記録』（護雅夫訳）光風社。
喜々津恭胤　一九三〇「現代日本人々骨の人類学的研究　第五部」『人類学雑誌』第四五巻第一一附録。
――　一九三一「ウイグル人と称する一頭蓋骨に就いて」『人類学雑誌』第四六巻第四附録。
――　一九三一「中欧亜細亜発掘のミイラの一頭蓋骨に就いて」『人類学雑誌』第四六巻第四附録。
清野謙次　一九二七「平井隆君著「樺太アイヌ人々頭蓋骨の研究」出版に就て」『人類学雑誌』第四二巻附録。
清野謙次／喜々津恭胤　一九三一「ウイグル人と称する頭蓋骨の人種的観察」『人類学雑誌』第四六巻第八号。
忽那将愛　一九三一「日本人手掌理紋の研究」『人類学雑誌』第四六巻第八附録。
ケイン、ジェフリー　二〇二二『AI監獄ウイグル』（濱野大道訳）新潮社。
小金井良精　一九二六『人類学研究』大岡山書店。
呉汝康ほか著、二宮淳一郎／橘昌信編　一九八〇『古猿　古人類』別府大学付属博物館。
小長谷有紀／楊海英編著　一九九八『草原の遊牧文明――大モンゴル展によせて』財団法人千里文化財団。
サイクス、レベッカ・ウラッグ　二〇二二『ネアンデルタール』（野中香方子訳）筑摩書房。
財団法人東京都歴史文化財団　二〇一〇『チンギス・ハーンとモンゴルの至宝展』。
斎藤成也　二〇一六『歴誌主義宣言』ウェッジ。
佐々木史郎／赤澤威　二〇〇〇『モンゴロイド系諸民族の初期映像記録――シベリア・北海道・樺太編』国際日本文化研究センター。
佐藤洋一郎　二〇〇二『DNA考古学のすすめ』丸善ライブラリー。
佐原真　一九九三『騎馬民族は来なかった』NHKブックス。
篠田謙一　二〇一一「アイヌ人骨の自然人類学的研究とその課題」『学術の動向』第一六巻第九号。
――　二〇二二『人類の起源――古代DNAが語るホモ・サピエンスの「大いなる旅」』中公新書。

司馬遼太郎　一九九五『草原の記』新潮文庫。
島五郎　一九四一『蒙古人頭骨の研究』日本人類学会（人類学叢刊　甲　人類学　第二冊）。
島泰三　二〇一六『ヒト――異端のサルの1億年』中公新書。
清水忠経　一九四二『喀爾喀族蒙古人女子の体質人類学的研究』日本人類学会（人類学叢刊　甲　人類学　第四冊）。
シュルツ、E・A／ラヴェンダ、R・H　一九九三『文化人類学Ⅰ、Ⅱ』（秋野晃司／滝口直子／吉田正紀訳）古今書院。
杉山清彦　二〇一五『大清帝国の形成と八旗制』名古屋大学出版会。
鈴木誠　一九四三『赫哲調査報告　頭蓋骨』日本人類学会（人類学叢刊　甲　人類学　第五冊）。
――　一九五〇「内蒙古百霊廟にて発掘せる古墳人骨に就いて」『人類学雑誌』第六一巻第三号。
鈴木誠／平野伍吉　一九四二「満洲旗人の体質人類学的研究」『人類学雑誌』第五七巻第九号。
関政則　一九三〇「樺太アイヌ人々骨の人類学的研究　第二部　上肢骨の研究」『人類学雑誌』第四五巻第七附録。
――　一九三〇「樺太アイヌ人々骨の人類学的研究　第三部　下肢骨の研究　其一」『人類学雑誌』第四五巻第九附録。
――　一九三〇「樺太アイヌ人々骨の人類学的研究　第三部　下肢骨の研究　其二」『人類学雑誌』第四五巻第一〇附録。
――　一九三一「樺太アイヌ人々骨の人類学的研究　第四部　樺太アイヌ人四肢管状骨横断面の研究」『人類学雑誌』第四六巻第五―七附録。
全京秀　二〇〇四『韓国人類学の百年』（岡田浩樹／陳大哲訳）風響社。
祖父江孝男　一九七九『文化人類学入門』中公新書。
橘瑞超　一九一五「古代トロファンの人種」『人類学雑誌』第三〇巻第五号。
――　一九一五「古代トロファンの人種（続）」『人類学雑誌』第三〇巻第六号。
田中克彦　二〇〇九『ノモンハン戦争――モンゴルと満洲国』岩波新書。
――　二〇二一『ことばは国家を超える――日本語、ウラル・アルタイ語、ツラン主義』ちくま新書。
田村実造／小林行雄　一九五二『慶陵――東モンゴリアにおける遼代帝王陵とその壁画に関する考古学的調査報告　第二』京都大学文学部。
――　一九五三『慶陵――東モンゴリアにおける遼代帝王陵とその壁画に関する考古学的調査報告　第一』京都大学文学

部。

東亜考古学会蒙古調査班編　一九四一『蒙古高原横断記』日光書院。

徳島県立鳥居龍蔵記念博物館・鳥居龍蔵を語る会編　二〇二〇『鳥居龍蔵の学問と世界』思文閣。

土橋芳美　二〇一七『痛みのペンリウク——囚われのアイヌ人骨』草風館。

土肥直美　二〇〇八「沖縄の人骨調査——琉球列島の人類史解明を目指して」Anthropological Science (Japanese series), Vol. 116(2), pp 219–223.

——　二〇一八『沖縄骨語り——人類学が迫る沖縄人のルーツ』琉球新報社。

鳥居龍蔵　一九二四『人類学及人種学上より見たる北東亜細亜——西伯利、北満、樺太』岡書院。

——　一九二五『人類学上より見たる我が上代の文化』叢文閣。

——　一九三〇「蒙古人種の名称とブルメンバッハ」『東亜』第三巻第六号。

——　一九七五「蒙古旅行」『鳥居龍蔵全集　第九巻』朝日新聞社。

——　一九七五「満洲に於ける人類学的視察談」『鳥居龍蔵全集　第九巻』朝日新聞社。

——　一九七五「満蒙の探査」『鳥居龍蔵全集　第九巻』朝日新聞社。

——　一九七五「満蒙探査旅誌」『鳥居龍蔵全集　第九巻』朝日新聞社。

——　一九七六「人類学研究・満洲族」『鳥居龍蔵全集　第五巻』朝日新聞社。

——　一九七六「南満洲の先史時代人」『鳥居龍蔵全集　第五巻』朝日新聞社。

——　一九七六「人種学上より見たる亜細亜の住民に就て」『鳥居龍蔵全集　第七巻』朝日新聞社。

中生勝美　二〇一六『近代日本の人類学史』風響社。

西村眞次　一九四一「人類学上の蒙古人及び蒙古文化　(一)人種学上から見た蒙古人」財団法人善隣協会『蒙古』二月号。

二宮淳一郎　一九九一『北京原人　その発見と失踪』新日本新書。

日本沙漠学会　二〇〇〇「乾燥地域の環境変動——人類誕生から現代まで」日本沙漠学会二〇〇〇年度秋季公開シンポジウム。

ハイシッヒ　一九六七『モンゴルの歴史と文化』(田中克彦訳)岩波文庫。

羽田宣男　一九四四『生体計測　人類学の基礎』天佑書房。
ピッタール、E　一九四一『アジアの人種と歴史』（古在学訳）泰山房。
平井隆　一九二七「樺太アイヌ人人骨の人類学的研究　第一部　頭蓋骨の研究」『人類学雑誌』第四二巻附録。
平野千果子　二〇二二『人種主義の歴史』岩波新書。
フォン・ノハラ、W・K　二〇一二『黄禍論――日本・中国の覚醒』国書刊行会。
福島香織　二〇一九『ウイグル人に何が起きているのか――民族迫害の起源と歴史』PHP新書。
藤川繁彦編　一九九九『中央ユーラシアの考古学』同成社。
ベグ、トゥルスン　二〇二二『征服の父　メフメト二世記』（濱田正美訳）法政大学出版局。
ヘロドトス　二〇〇八『歴史（中）』（松平千秋訳）岩波文庫。
堀井五十雄／正木正明／宮本潔　一九四二「赫哲族調査報告」『人類学雑誌』第五七巻第九号。
本多隆成　一九九四『大谷探検隊と本多恵隆』平凡社。
――　二〇一六『シルクロードに仏跡を訪ねて――大谷探検隊紀行』吉川弘文館。
松島泰勝　二〇一八『琉球　奪われた骨――遺骨に刻まれた植民地主義』岩波書店。
松島泰勝／木村朗編　二〇一九『大学による盗骨――研究利用され続ける琉球人・アイヌ遺骨』耕文社。
松村瞭　一九三四「東京人類学会五十年史」『人類学雑誌』第四九巻第一一号（創立五十周年記念号）。
松本秀雄　一九九二『日本人は何処から来たか――血液型遺伝子から解く』NHKブックス。
マン、ジョン　二〇〇六『チンギス・ハン――その生涯、死、そして復活』（宇丹貴代実訳）東京書籍。
水野清一　一九四八『東亜考古学の発達』大八洲出版。
宮脇淳子　二〇〇二『モンゴルの歴史――遊牧民の誕生からモンゴル国まで』刀水書房。
村上正二訳注　一九七二『モンゴル秘史二――チンギス・カン物語』平凡社東洋文庫。
森修　一九三七『旅順博物館列品図録』旅順博物館。
山口敏　一九九二「現代によみがえる美女」『楼蘭王国と悠久の美女』朝日新聞社。
楊海英　二〇〇六「「河套人」から「オルドス人」へ――地域からの人類史書き換え運動」『中国21』第二四号、愛知大学現代中国学会。

——二〇〇九『墓標なき草原——内モンゴルにおける文化大革命・虐殺の記録(上・下)』岩波書店。

——二〇一二「博士一家の調査が契機——契丹文化と日本(上)」『静岡新聞』夕刊、二〇一二年一月二〇日。

——二〇一二「騎馬習慣、大和に伝わる——契丹文化と日本(中)」『静岡新聞』夕刊、二〇一二年一月二七日。

——二〇一二「蒙古につながる勢力——契丹文化と日本(下)」『静岡新聞』夕刊、二〇一二年二月三日。

——二〇一二「時評:朝鮮半島と台湾——刺青が語る現代史」『静岡新聞』二〇一二年二月九日。

——二〇一四「ウイグル人のレジスタンスは何を発信したのか——「諸民族の大家庭」のための民族自決権」岩波書店『世界』第八五一号。

——二〇一五『日本陸軍とモンゴル』中公新書。

——二〇一八『墓標なき草原——内モンゴルにおける文化大革命・虐殺の記録(上・下)』岩波現代文庫。

——二〇一九『逆転の大中国史——ユーラシアの視点から』文春文庫。

——二〇一九「我が宗主国・日本の〈1968年〉と世界——植民地出身者の視点」楊海英編『中国が世界を動かした「1968」』藤原書店。

——二〇二〇『モンゴルの親族組織と政治祭祀——オボク・ヤス(骨)構造』風響社。

——二〇二一『内モンゴル紛争——危機の民族地政学』ちくま新書。

楊海英編　二〇二一『モンゴルの仏教寺院——毛沢東とスターリンが創出した廃墟』風響社。

楊海英/Sayina 他編　二〇二二『中国政府による文化的ジェノサイドに抵抗する内モンゴル自治区のモンゴル語保護運動資料』世界モンゴル人連盟。

横尾安夫　一九三四「蒙古人の研究　其一」『人類学雑誌』第四九巻第三号。

——一九三四「蒙古人の研究　其二」『人類学雑誌』第四九巻第四号。

——一九三九「日本人の頭蓋骨」『東亜の民族』理想社。

——一九三九「蒙古人」『人類学・先史学講座』第二巻、雄山閣。

——一九四一「蒙古民族の将来」財団法人善隣協会『蒙古』三、四月号。

―― 一九四一「内蒙古の人々」東亜考古学会蒙古調査班編『蒙古高原横断記』日光書院。

―― 一九四二『東亜の民族』理想社。

―― 一九四四「人類学上から見た蒙古民族」財団法人善隣協会『蒙古』四月号。

横浜ユーラシア文化館編 二〇〇三『オロンスム――モンゴル帝国のキリスト教遺跡』横浜ユーラシア文化館。

リサン、エ 一九二八「天津北疆博物院の古生物学的並に考古学的事業」『人類学雑誌』第四三巻第七号。

―― 一九三一「天津北疆博物院に代表されし新石器時代の遺跡」『人類学雑誌』第四六巻第二号。

―― 一九三一「天津北疆博物院に代表されし新石器時代の遺跡(二)」『人類学雑誌』第四六巻第三号。

―― 一九三一「天津北疆博物院に代表されし新石器時代の遺跡(完)」『人類学雑誌』第四六巻第四号。

『旅順博物館陳列品解説』一九三七 旅順博物館。

レヴィ=ストロース、クロード 一九七〇『人種と歴史』(荒川幾男訳)みすず書房。

―― 二〇〇五『レヴィ=ストロース講義』(川田順造/渡辺公三訳)平凡社ライブラリー。

ロバーツ、アリス 二〇一六『人類二〇万年――遙かなる旅路』(野中香方子訳)文春文庫。

黄宣衛主編 二〇一一『人類学家的足跡――台湾人類学百年特展』中央研究院民族学研究所博物館。
王炳華 二〇〇八「新疆古屍考古研究」『西域考古歴史論集』中国人民大学出版社。
奇邁可(Michael Keevak) 二〇一五『成為黄色人――一部東亜人由白変黄的歴史』(*Becoming Yellow, A Short History of Racial Thinking*)台湾八旗文化出版社。
呉鋭 二〇一七『中国上古的帝繫構造』中華書局。
―― 二〇二〇『你不可能是漢族』台湾八旗文化。
索布多 二〇〇五『興安女高』内蒙古人民出版社。
石守謙/葛婉章編 二〇〇一『大汗的世紀――蒙元時代的多元文化藝術』台北国立故宮博物院。
蘇暁康/王魯湘 一九八八『河殤』現代出版社。
沈福偉 一九八五『中西文化交流史』上海人民出版社。

鄭為　一九八五『中国彩陶藝術』上海人民出版社。

内蒙古自治区文物考古研究所　哲里木盟博物館編　一九九三『遼陳国公主墓』北京文物出版社。

寧夏文物考古研究所編　二〇〇三『水洞溝：一九八〇年発掘報告』科学出版社。

楊東晨　一九八八「半坡氏族考源」西安半坡博物館編『半坡仰韶文化縦横談』文物出版社。

拉施特　一九八三『史集』(第一集第一分冊)商務印書館。

Braae, Christel 2017 *Among Herders of Inner Mongolia, The Haslund-Christensen Collection at the National Museum of Denmark*, The Carlsberg Foundation's Nomad Research Projekt, Aarhus University Press.

Crookshank, F. G. 1924 *The Mongol in our Midst, A Study of man and His Three Faces*, New York: E. P. Dutton & Company.

Heissig, Walther 1966 *Die mongolische Steininschrift und Manuskriptfragmente aus Olon süme in der Inneren Mongolei*, Göttingen: Vandenhoeck & Ruprecht.

Maury, Alfred and Pulszky, Francis and Meigs, J. Aitken; presenting fresh investigations, documents and materials by J. C. Nott and Geo. R. Gliddon 1857 *Indigenous Races of Earth, or, New Chapters of Ehnological Enquiry: including monographs on special departments of philology, iconography, cranioscopy, palæontology, pathology, archæology, comparative geography and natural history*, J. B. Lippincott, Trübner & Co.

Ruser, Nathan and James Leibold 2021 *Family de-Planning, The Coercive Campaign to Drive Down Indigenous Birth-Rates in Xinjiang*, Australian Strategic Policy Institute, Report No. 44.

Scupin Raymond 1998 *Cultural Anthropology, A Global Perspective*, Prentice Hall.

Wittfogel, Karl A. and Fêng Chia-shêng 1949 *History of Chinese Society, Liao* (*907–1125*), New York: Distributed by the Macmillan Co.

—— 1976 *Die mongolischen Handschriften-Reste aus Olon süme Innere Mongolei* (*16.–17. Jhdt.*), Wiesbaden: Otto Harrassowitz.

Zenz, Adrian 2020 *Sterilizations, Forced Abortions, and Mandatory Birth Control, The CCP's Campaign to Suppress Uyghur Birthrates in Xinjiang*, Washington, The Jamestown Foundation.
Zerjal, Tatiana, Yali Xue and others 2003 *The Genetic Legacy of the Mongols, Am. J. Hum, Genet.* 72: 717-721.

謝　辞

本書は科研費「アフロ・ユーラシア内陸乾燥地文明の近代動態分析——「近代世界システム」との相克」(研究代表：嶋田義仁。課題番号：17H01639)、「新疆の形成とウイグル民族問題に関する調査研究」(研究代表：大野旭＝楊海英。課題番号：19K12500)の成果の一部であり、記して関係者の方々に御礼を申し上げる。また、『墓標なき草原』(岩波現代文庫)や『「知識青年」の1968年』同様、今回も岩波書店の中本直子氏のお世話になった。

コロナ禍での資料収集は困難であったが、静岡大学附属図書館の方々は最大限の力を発揮して他の研究機関が所蔵する資料を集めてくださった。併せて感謝の気持を伝える。

索　引

ア 行

カ 行

サ 行

タ 行

ナ 行

ハ 行

マ 行

ヤ 行

ラ 行

楊 海 英(Yang Haiying)
静岡大学人文社会科学部教授．南モンゴルのオルドス生．北京第二外国語学院大学日本語学科卒業．89 年 3 月来日．国立民族学博物館・総合研究大学院大学博士課程修了．博士(文学)．
『墓標なき草原――内モンゴルにおける文化大革命・虐殺の記録』(2010 年度司馬遼太郎賞受賞)『中国とモンゴルのはざまで――ウラーンフーの実らなかった民族自決の夢』(以上，岩波書店)『日本陸軍とモンゴル――興安軍官学校の知られざる戦い』(中公新書)『逆転の大中国史――ユーラシアの視点から』(文春文庫)『羊と長城――草原と大地の〈百年〉民族誌』(風響社)他著書多数．

人類学と骨 日本人ルーツ探しの学説史

2023 年 12 月 21 日　第 1 刷発行

著 者　楊《よう》 海《かい》 英《えい》

発行者　坂本政謙

発行所　株式会社 岩波書店
〒101-8002 東京都千代田区一ツ橋 2-5-5
電話案内 03-5210-4000
https://www.iwanami.co.jp/

印刷・三陽社　カバー・半七印刷　製本・松岳社

ISBN 978-4-00-061623-2　　Printed in Japan